活动断层的地震地表永久位移研究

Study on Seismic Surface Permanent Displacement of Active Faults

刘艳琼　等　著

地　震　出　版　社

图书在版编目（CIP）数据

活动断层的地震地表永久位移研究/刘艳琼等著. —北京：地震出版社，2023. 4
ISBN 978-7-5028-5529-1

Ⅰ. ①活…　Ⅱ. ①刘…　Ⅲ. ①活动断层—地震—关系—地表位移—研究　Ⅳ. ①P315

中国版本图书馆 CIP 数据核字（2022）第 240748 号

地震版　XM5081/P（6356）

活动断层的地震地表永久位移研究

Study on Seismic Surface Permanent Displacement of Active Faults

刘艳琼　等　著

责任编辑：王　伟
责任校对：凌　樱

出版发行：地震出版社

北京市海淀区民族大学南路 9 号　　邮编：100081
销售中心：68423031　68467991　　传真：68467991
总 编 办：68462709　68423029
编辑二部（原专业部）：68721991
http://seismologicalpress. com
E-mail：68721991@ sina. com

经销：全国各地新华书店
印刷：河北文盛印刷有限公司

版（印）次：2023 年 4 月第一版　2023 年 4 月第一次印刷
开本：787×1092　1/16
字数：205 千字
印张：8
书号：ISBN 978-7-5028-5529-1
定价：60. 00 元

前　言

地震地表永久位移是强烈地震破坏的形式之一。近些年来的汶川地震、集集地震、昆仑山口西地震，土耳其伊兹米特地震等都引起了大规模的地表破裂，这可能对道路、桥梁、隧道、大坝、输油（气）管网、通信电缆等大型工程造成严重破坏，导致巨大资产损失。因此，活动断层的地震地表破裂研究已经成为地震工程中关注的焦点课题之一，地表永久位移的分布特征研究对防震减灾具有十分重要的工程意义和理论价值。

本书以活动断层的地震地表破裂永久位移估计为研究核心，针对两方面开展研究：其一，提供地震参数，即将来可能发生的地震的最大震级、可能发生的地点、可能发生的时间；其二，选择合理的计算方法，进行断层地震地表永久位移估计。具体地，以地震发生的物理过程作为研究的理论依据，以地震活动性、地震地质环境、断层活动特征、构造应力场及GPS观测数据为数据基础，运用断层的地震发生模型，结合地震危险性分析，展开活动断层地震地表破裂永久位移评估方法的研究，为地震灾害抗防、工程结构抗震设计提供地表永久位移（场）输入。

本书首先剖析了地震的发生机理和发生过程。认为地震发生的物理过程可以描述为由断层及其分割的地块所组成的不稳定系统在地质作用下发生的局部失稳过程或界面材料的破坏过程，并从数学、力学等理论角度作了描述。

构造应力与强震活动具有密切联系。书中综述了GPS观测在地球动力学研究中的应用和成果，介绍了我国大陆及周边地区的动力学环境。在此基础上，选择鲜水河断裂带、龙门山断裂带和东昆仑断裂带及其分割的活动地块为研究对象，应用地壳运动动力学，模拟了研究区域内最近4次破坏性地震——昆仑山口西地震、汶川地震、玉树地震、芦山地震发生前后的断层—活动地块的运动状态。结果表明，应力、应变、位移状态与地震发生可能存在一定的联系，初步推断研究区域内未来可能发生强震的地段为鲜水河断裂带的甘孜—道孚段、龙门山断裂带的西南段和东北段。

某区域内活动构造发生地震有一定的规律性。书中比较分析了现今常用地震发生模型的方法及其适宜性。借鉴以往研究成果，提出了指定活动断层的地震发生模型选定的方法和步骤。联合历史地震和探槽确定的古地震增补的地震序列，给出了几条活动断裂的特征地震，即：鲜水河断裂带上$M \geqslant 7.0$级地震平均复发间隔为41年，特征地震震级为$7\frac{1}{2}$；小江断裂带上$M \geqslant 7.0$级地震平均复发间隔为58年，特征地震震级为$7\frac{1}{2}$。

联合构造应力作用下地壳运动动力学的模拟结果和断层的特征地震发生模型，可以估计断层未来一段时间内的地震危险性。地震引起的地表位移评估方法分为近断层场地和远离断层场地两部分来处理。近断层场地采用了基于Cornell地震动框架的地表永久位移的概率分析方法和设定地震分析方法，其中考虑了震级-破裂尺度关系、永久位移分布模式和位移衰减模型。统计了汶川地震中沿断层的永久位移分布，论证了永久位移分布模式的适用性。应用上述方法分析了鲜水河断裂带上的最大永久位移，得到其近场的最大永久位移估值。

对于远离断层场地，提出了基于Mindlin解的地震地表永久位移估计方法，并以鲜水河断裂带为例，对活动断层有限范围内的地表位移场进行了数值模拟。结果显示，在震中距为26km的场址处，位移分布已比较均匀，且相对平缓，三个方向相距100m的相对位移分别为1、1和2cm。

本书主要内容源于以下科研项目的部分成果：国家自然科学基金青年项目（51508534）、国家自然科学基金面上项目（51278474）、国家自然科学基金重大研究计划（90715042）、中国地震局地震科技星火计划（XH22008B），国家重点研发计划项目（2018YFC1504501）、地震行业科研专项（201108003）、中央级公益性科研院所基本科研业务费专项重点项目（2016A04）。王玉石、邹立晔、梁姗姗参与了本书部分内容的编写。感谢李小军研究员、周正华研究员、赵纪生研究员对作者从事地震工程研究的工作给予了指导、支持和鼓励。感谢刘杰研究员、张锐研究员、杨柏坡研究员、温瑞智研究员、刘启方研究员、袁晓铭研究员、景立平研究员、张会平研究员对本书研究工作提出了许多宝贵意见。感谢吴景发、郭宝玲、吴梦遥、王伟、刘培玄、王坦等参与了本书部分内容的研究工作。

本书的科研观点难免存在争议，研究内容必有疏漏，敬请指正！

目　　录

第1章　绪　　论

1.1　研究的背景及意义

1.1.1　研究的背景

大量震例研究表明，活动断层导致大地震的发生。我国是一个活动断层广泛分布的国家，也是一个多地震的国家，地震活动频度高、震级大，地震灾害严重。20世纪全世界1/3大陆地震发生在我国，造成了大量的人员伤亡和财产损失，20世纪我国因地震死亡人数占全世界地震死亡人数的55%；财产损失主要表现在房屋和基础设施的破坏，主要是由地震动和地震地表破裂造成的。

随着我国经济实力的增强，基础设施建设的逐年增加，尤其像南水北调、西气东输等长距离工程，跨越江河、峡谷的公路、铁路、桥梁、大坝，以及穿越高山的隧道等大型工程，而这些工程都不可避免要毗邻或跨越地震活动性较高的活断层[35,104]。

早在1971年美国加州科学家与政府官员就注意到了活动断层产生的直接地震灾害，1972年加州政府通过了“特别调查带法案”；1994年北岭地震后修订为“地震断层划定法案”，以防止用于人类居住的房屋建筑在活动断层上[5]。

地震地表破裂或地表永久位移是强烈地震破坏的形式之一。近年来的汶川地震、集集地震、昆仑山口地震，土耳其伊兹米特地震等都引起了大规模的地表破裂，发震断层两侧均存在明显永久位移，见图1－1至图1－4，当然历史地震资料也不乏山崩地裂的历史记载。强震地表破裂几乎不受地形地貌和岩性条件影响，破坏作用巨大，能穿越江河，错断基岩山体，人力很难抗拒，所经之处山崩地裂，大规模地表破裂严重破坏了道路、桥梁、隧道、矿山、水工、大坝、输油（气）管网、输电电缆、通信电缆，使地震区域蒙受巨大损失。因此，活动断层未来地震伴随的地表破裂已经成为大型工程建设中面临的一大挑战，对地震地表永久位移的研究为提供有效抗永久地表位移措施提供有力依据。

图 1-1　集集地震某教学楼的破坏

图 1-2　土耳其 Kocaeli 地震某建筑物的破坏

图 1-3　集集地震地表破裂迹线处的破坏

图 1-4　汶川地震地表破裂迹线处的破坏

1.1.2　研究的意义

《建筑抗震设计规范》(GB 50011—2010) 及《建筑与市政工程抗震通用规范》(GB 55002—2021) 虽然针对 8、9 度设防地区规定了其断层避让距离，但没有基于永久位移场或变形场与建筑物特征来考虑。整体上比较粗糙，其一，没有区分断层类型、几何特征、运动学特征，没有充分利用断层活动性评价结果；其二，没有区分地基、基础、上部结构类型及稳定性（地表变形梯度相关）；其三，没有时间尺度。避让距离的确定涉及活断层探查、破坏性地震在将来某段时间内发生的可能性多大、地表破裂强度等诸多因素。因此，“避让距离”应该与某种类型建（构）筑物破坏和地震引起的地表破裂或地表永久位移（场）建立联系。

对于一般性工程可以遵循这些规定，但像南水北调、西气东输、跨越江河和峡谷的公路、铁路、桥梁，以及穿越高山的隧道等大型工程，都避不开要跨越断层。这就需要对跨越断层发生地震引起的地表破裂或地表永久位移（场）进行估计，而这部分研究工作也离不开基于断层活动特征的地震危险性分析。通过评估活动断层地震地表破裂永久位移为跨越断层的工程提供抗错断位移输入，以便采取有效的抗地表永久位移措施，减小地震灾害带来的损失。

1.2 国内外研究现状

1.2.1 活动断层地震危险性评价

大量研究表明，强震的孕育和发生与活断层有着密切的联系。Reid 1910 年提出了“弹性回跳理论”，用以解释地震中弹性应变积累和释放的过程。不久，地震学家们以“弹性回跳理论”为物理基础，提出了一系列地震原地复发的理论模式，用于预测活动断裂的地震危险性[32]。其中，针对板缘特征地震的模式主要有：时间可预报模式与滑动可预报模式[144]、准周期模式[110]和时间-震级可预报模式[137]等；针对中国大陆板块内环境的特征地震模式主要有：准时间可预报行为[59]和时间-震级可预报模式[82]。

国际上，Nishenko 和 Buland[135]整理了环太平洋板缘地震带不同段落“特征地震”的复发时间资料，并初步建立了强震原地复发时间间隔的概率分布模型，即 NB 模型[59]。之后，美国加州地震概率工作组[152,153]应用该经验分别评估了圣安德烈斯断层各断裂段未来 30 年地震复发的条件概率，Nishenko 将其应用于环太平洋板缘地震带 96 个段落未来 20 年地震复发潜势的实时概率评估。Ellsworth[118]和 Matthews[133]从活动断裂上强震发生的内在物理机制着手，通过分析活动断裂上应力的加载过程，建立了布朗过程时间模型（Brownian Passage Time model）。美国加州地震概率工作组应用该模型对旧金山湾地区未来 30 年的地震危险性进行预测。

国内，利用活断层定量研究资料对地震危险性预测进行研究的主要进展有：闻学泽等系统地概括了以活断层资料为基础预测地震中—长期危险性的基本思路，即将特定断层（段）上的特征地震复发间隔看作大致服从某种理论的复发模式，再由历史地震、古地震等资料估算其存在的不确定性，然后应用到相应概率模型中，在得到最后一次地震离逝时间前提下，估算未来一段关注时间内的概率值，其研究例证如鲜水河断裂带[56]、小江断裂带[57]等。后来，甘卫军等[16]利用中国大陆原地复发古地震资料，拟合出板内强震原地准周期复发的概率密度函数 $LN(\mu=-0.025,\ \sigma_D=0.26)$，并应用于祁连山东段活动断裂的地震危险性概率估计中。闻学泽等[60]通过分析我国大陆活动断裂带上的历史地震复发行为，发现它们有良好的准周期行为及时间可预报行为，而且其地震复发间隔分布和环太平洋板缘的特征地震复发间隔分布（N 模型）无明显差别，因此将二者合并，得到一个更稳定的准周期复发间隔对数正态分布 $LN(\mu=0.00,\ \sigma_D=0.22)$。由于大多数情况很难获得某一断裂段可靠的古地震和同震破裂数据，张培震等采用特征地震矩法估计了鲜水河断裂的地震复发间隔，促进了活动断层地震危险性评价的广泛应用[32]。

2001 年，中国地震局提出了“大城市活断层探测与地震危险性评价”项目。经过 3 年多的立项论证，2004 年中国地震局提出的“十五”国家重大建设项目——中国地震活断层探测技术系统由国家发改委（国发［2004］1138 号）批准。该项目对全国 20 个省会城市或大中城市开展“城市活断层探测与地震危险性评价”工作。2004 年，作为试点城市的福建省地震局组织实施完成了“福州市活断层探测与地震危险性评价”项目，为国内其他城市开展城市活断层探测与地震危险性评价工作提供了范例和积累了经验。为了对福州盆地周边弱活动断层进行地震危险性评价，闻学泽等[63]通过区域地壳动力学背景分析和地震活动水平统计对比，综合判定了福州盆地主要断裂的最大潜在地震震级，并针对中国大陆东部中—弱活断层的地震危险性评估问题，提出构造小区的震级-频度关系参数应用的评价思路，建立了华北、华东—华中、华南与东南沿海三个大区域的最大地震震级上限 M_U-a_t/b 值的经验模型，并详细分析了中—小地震群、余震和触发型地震序列、人为诱发地震等因素对经验模型参数的影响，为模型的推广应用作了详尽阐述[32,64,65]。这种间接方法对解决中国大陆城市活断层地震危险性评估中的关键问题探索了一条新的、可行的途径。

1.2.2　地震危险性评价方法

地震危险性是指地震发生、并可能造成破坏的地震动的可能性，城市地震危险性分析是要预测未来一定时间内城市将会遭遇到的地震动的大小，或不同地震动水平的概率，或超过给定地震动水平的概率[100]。地震危险性评价的评定指标有确定的、随机的和模糊的三种类型，所以地震危险性评价方法目前主要有确定、概率和模糊三类方法[14]。

确定性方法，主要根据历史地震重演和地质构造类比的原则，估计研究区未来可能发生最大地震的地点和水平，也就是在选定震中的条件下估计烈度，有了假定的震中位置和震中烈度，如果已知该地区地震烈度的衰减，就可以计算出所选地点的烈度。1977 年由国家地震局颁布的中国地震烈度区划图就是用确定性方法分析得出的。传统的确定性地震危险性分析方法主要是地震构造法和最大历史地震法，通过确定对场地有重要影响的主要活动断层、潜在震源区、最大历史地震等，按照地震动衰减关系计算场地的最大峰值加速度（PGA）和其他地震动参数[47]。

概率分析方法有推断法和历史参数法[81]。经典的推断法需要地震活动性资料和地震地质资料来推断潜在震源区的分布，进而进行地震危险性概率分析[117]。由于缺乏精确和充足的地震构造资料，潜在震源区划分存在较大的不确定性和主观性。但是随着近代地震台网的建立，地震资料变得越来越丰富。分析发现地震分布与区域构造分布比较吻合，且地震资料本身也暗含构造断裂的信息。在近代地震危险性概率分析中，最为广泛应用的模型包括：断层模型、地震活动性模型和基于 GPS 与大地测量数据的地震矩速率模型[138,149]。综合利用这三种模型，可以较好地降低和控制地震危险性概率分析方法中的不确定性，这也是未来各种技术相互融合的关键。地震活动性模型用于地震危险性概率分析，在国际上已是比较成熟的技术[147]，并不仅仅用于处理背景地震。2007 年美国 USGS 地震区划图中，该技术已应用于美国中西部地震危险性分析中，尤其在美国中部，主要采用了地震活动性模型和断层模型。1984 年 Veneziano[121]提出了历史参数法，该方法仅需要地震活动性模型和适当的衰减关系。Frankel[122]提出了基于空间光滑的地震活动性分布的地震危险性概率分析方法，并用此方法编制了美国中部和东部的地震动参数图。胥广银和金严[26]利用此方法在我国弱震和中等强度地震活动区进行了地震活动性模型研究。Frankel 方法在进一步修正后已广泛应用于欧洲等国家的地震危险性概率分析中[112,127,128,140,141]。

地震危险性模糊分析方法主要是模糊数学方法，特别适用于描述、处理地震危险性分析中的某些宏观或模糊的指标，如地貌、地质构造、断裂、历史地震资料等，有时也可用于地震活动性指标的分析和处理。冯德益等[13]运用该方法对山东—江苏地区、长江口地区、宁夏—甘肃—川北地区、鄂尔多斯地块边缘及鲜水河断裂等进行了地震危险性评价。

1.2.3 断层活动对工程的影响

近年来，多次地震活动给建设工程带来巨大破坏，例如地面开裂、桥梁公路错断、管网生命线工程失效等，这些破坏降低了抗灾救灾效率，增大了经济损失[86]。因此考虑活断层活动性对建筑工程的影响并对其模拟分析，对于提高重大工程防震减灾能力是很必要的。

蔡守志等[2]分析了断裂带的工程地质条件及其稳定性对地铁工程的影响，研究了罗湖断裂带的构造特征及其与地铁工程的关系[86]，并对地铁工程给出了施工措施的建议。

刘爱文等[33]通过调查印度洋9.0级地震、纽芬兰7.2级地震和台湾南海海域7.2级地震等对海底光缆的影响，认为强地运动对海底光缆影响不大，而对其有主要影响的是地震造成的断层位错、海底崩塌和滑坡等[86]。

薛景宏等[79]综述了跨断层埋地管道的研究。美国著名地震学家Newmark等最早深入研究了下埋地道在断层作用下的反应，1975年提出了一种高度简化的计算方法，奠定了管道跨断层的梁式分析的基础。Kennedy于1977年采用大挠度理论改进了Newmark-Hall方法，认为管线是无弯曲刚度而仅有拉伸刚度的悬索结构，采用断层附近为圆弧、远端为直线的位移模式，得到走滑断层的临界位移。该方法考虑管、土在圆弧段大变形时的被动土抗力，较Newmark-Hall方法更为合理，在轴向变形和弯曲变形比值较小时的结果比较满意，但当弯曲变形较大时可能造成比较大的误差，且当管线受压缩时此方法不适用。王汝梁提出断层部位管线采用悬索、远端为弹性地基梁的计算模型，给出了线轴向受压时的反应结果，该方法的不足之处在于可能高估管线的弯曲应变[86]。此后，王汝梁等选用非线性悬臂梁模型，分析了地震断层大位移下地下管线的受力反应。

罗利锐[36]研究了各个不同力学性质的单一型断层、并作了归类、组合，总结了各种类型的断裂的不同特点，分析了它们对隧道稳定性的影响。以厦门隧道作工程实例进行分析计算，得出明显影响隧道工程稳定性的因素很多，包括断层复合、断层交会，构成断层的岩体的风化状况，隧道主线和断层走向的夹角等[86]。

1.2.4 地震触发机制

地震应力触发的研究最早始于1963年，Chinnery[162]研究了走滑断层相应位移场的应力分布，并提出了解决走滑断层机制普遍问题的理论框架。其后近20年间，Smith[163]和Van de Lindt、Rybichi[164]、陈运泰[169]、Yamashina[165]、黄福明和王廷韫[170]、罗灼礼等，对这一问题开展过系统的理论研究。他们大多采用弹性位错理论和地形变观测资料，研究地震发生的机理、大地震之后产生的应力对余震过程的作用以及针对不同类型的断层，从构造应力的角度，探讨各类震源的应力场、形变场和倾斜场。

自20世纪90年代以来，对应力触发问题做了很多探索和应用，尤其随着计算机应用水平的提高和数字科学技术的不断发展，该问题引起研究者的广泛关注，一些固体力学和地震学者纷纷加入地震触发机制的研究。例如：沈正康等[171]利用长时间库仑应力分析，说明了1937年花石峡、1963年都兰地震和1997年玛尼地震均对2001年昆仑山口西地震有一定的触发作用。万永革等[172]分析了1920年海原地震以来青藏高原东北部7级以上地震，研究表明其前的库仑应力积累与释放过程对其后地震均存在不同程度的影响，即：85%的后续地震受到了之前地震的触发作用。刘方斌等[173]对北祁连山东段及邻区的9次强震静态库仑应力变化进行了研究，结果表明对于叠加现象来说，后一地震事件除了门源地震落在应力影区外，先前地震活动对后续地震都产生了明显的触发作用。徐晶等[174]采用分层黏弹模型，计算了川滇菱形块体东边界18个断层段的断层面上库仑应力变化随时间的演化，结果显示断裂带的各断层段上先发生的强震可能触发后发生的强震，相邻断裂带上发生的强震之间也可能存在触发作用。同时，也存在反面的震例。Parsons和Dreger[166]在计算1992年Landers地震对1999年Hector Mine地震的静态应力作用时得出了相反的结论，前者产生的静态库仑破裂应力使后者断层面上的正应力减小。同样，Horikaway[167]在研究日本1997年3月26日地震对5月13日地震的影响时，也发现5月13日地震位于3月26日地震产生的应力影区中。

本文中主要选取巴颜喀拉块体及周边区域进行研究，该区域内活动断层上强震之间触发机制的研究也已持续多年，尤其2008年汶川8.0级地震发生后，许多学者都对2001年昆仑山口西8.1级地震与汶川8.0级地震之间的相互关系作了探讨。这些研究结果认为巴颜喀拉块体作为青藏高原向东挤出的主要地区具有整体向东运动的趋势，昆仑山口地震与汶川地震之间存在着一定的应力转换作用。对于汶川地震所引起的周边断裂附近的应力应变变化，许多学者也给出了相应的计算结果，显示汶川地震对2010年玉树地震所在的断裂带有较小的缓震作用，且这一缓震作用也符合块体的整体运动特征，而2010年4月14日玉树地震却发生在汶川地震的库仑应力影区内，我们必须重新认识这一现象。之后，也有很多学者包括闻学泽[175]、刘文兵[176]、屈勇[177]、贾科[178]、罗纲[168]等，对此区域内强震发生的时空关联特征和应力触发作用进行了研究。

对于巴颜喀拉块体周缘强震间的应力触发关系的研究，以往工作多倾向于针对某条断裂带上强震序列进行研究，另外由于其南边界——鲜水河断裂带和东边界——龙门山断裂带近期均发生过大震，地震地质资料相对丰富，以往成果对这两条断裂带上强震触发关系研究较多，对北边界——东昆仑断裂带上强震活动性研究较少。而一个区域内强震活动性，除受所在断层的地震地质条件影响外，断层之间及断层和块体之间的相互作用对其上强震活动都会有一定的影响。基于此，在选择研究区域时，应考虑地块及其边界断裂带构成的系统进行分析更全面。在地震应力触发数值模拟中，模型的建立和参数的确定，也需不断完善和改进。模型边界条件加载实际的位移场、速度场，可能会得到更符合实际的模拟结果。对重要活动断层深入研究，得到更详细、完整的各个地震活动期前后断层泥参数及断层摩擦特性，运用合适的摩擦本构关系，也会提高模拟结果的可靠性。另外，由于现有认知的限制，对一些模拟结果的解释仍不清晰，甚至会有不一致的结论。因此，对于巴颜喀拉周缘区域上强震活动性和危险性的研究仍需要持续深入关注。

1.2.5 地震地表永久位移

地震地表破裂或地表永久位移的研究总体上分为两种思路，经验统计方法和理论分析方法两类。某次地震的地表破裂资料可能与经验统计关系存在误差，误差可能还不小，但这样基于震害调查的经验关系是真实的，是对其他分析方法的宏观指导。经验统计方法具有进一步发展的空间，随着地震地表破裂调查资料的积累，使得在经验统计关系中，除震级影响因素外，进一步考虑断层附近的构造应力场和变形场、活动断裂的类型、古地震序列等因素，建立它们与地表破裂或地表永久位移（场）特征的关系，才可能利用这些经验关系对某条断裂发生地震的地表破裂进行预测。

现阶段，理论分析方法也有了很大进展，一般的做法是基于活断层的危险性估计结果，在设定地震下，由同震位错作为输入，从动力平衡方程、材料的本构关系（屈服、破坏和破坏进化准则）、初始边界条件出发，采用局部应变增强和破裂追踪算法，计算上覆盖土层破裂发生发展过程。其中有几个重要的问题尚未解决，其一，区域内的初始应力场的确定，它不仅是自重应力的结果，并严格受构造应力的制约；其二，岩土材料的动力破裂准则的确定，由于岩土介质材料的区域性、不均匀性，即使采用最简单的破坏准则，也需要很大的投入，尤其是建筑工程没有涉及的深度100m以下岩土介质相关信息。

克服了理论分析方法的两个问题，并假定活断层的危险性估计结果是足够精确的前提下，均匀介质内破裂理论是可以胜任的。但必须认识到，即使考虑均匀介质，基于动力学的分析方法难度也是巨大的，很多基础数据不清楚，如：构造应力加载边界的确定；深层岩体构造结构（尤其是结构面）及其几何特征和强度分布；岩土材料和界面动力破坏强度；开裂与裂纹扩展准则（应变间断、位移间断萌生和进化准则）；地震预报的长期预测有较高的可信度，短期预报还很差。因此，现阶段按理论分析方法研究近场地震地表破裂的范围还不成熟。

地震地表破裂的理论分析主要集中在地震复发规律的研究上，国内外已有很多专家提出了一系列的地震原地复发模式，这方面的研究已在断层地震危险性评价的研究现状中作了叙述。

地震地表破裂或地表永久位移的统计分析的经典工作主要聚集在南加利福尼亚大学和USGS，代表人物有Vincent Lee[130~132]、Trifunac[130~132]、Donald Wells[117]、Kevin Coppersmith、Bonilla、Mark和Lienkaemper。他们详细考察了美国西部和全球地震地表破裂资料，统计了不同断层类型的震级与破裂长度、破裂宽度、破裂面积、最大位移的经验关系。

1.3 内容安排

本书研究的核心是活动断层的地震地表破裂永久位移估计，这就需要进行两方面的研究工作（图1-5）：其一，提供地震参数，即将来可能发生的地震的最大震级、可能发生的地点、可能发生的时间；其二，选择合理的计算方法，进行断层地震地表永久位移估计。本书以大岗山水坝工程为应用背景进行实例验证，提出了一套应用于工程地震的活动断层的地震地表破裂永久位移的评估体系。

对于地震参数的确定，其研究思路是把已有的知识和数据作为输入，通过一定的方法输出地震参数，即地震可能发生的时间（T）、地点（P）和震级（M），见图1-6。最理想的状况是在已有的知识和数据都完整的前提下，输出理想的结果，即得到三个地震参数（T、P、M）的精确解；而现阶段已有的知识和数据都不够完整，只能放松要求，输出也相应放松，只能得到某几项地震参数的精确解；如果一直放松要求，输出结果只能得到地震参数的概率解。本书通过剖析地震发生的物理过程，作为研究的理论依据，以地震活动性、地震地

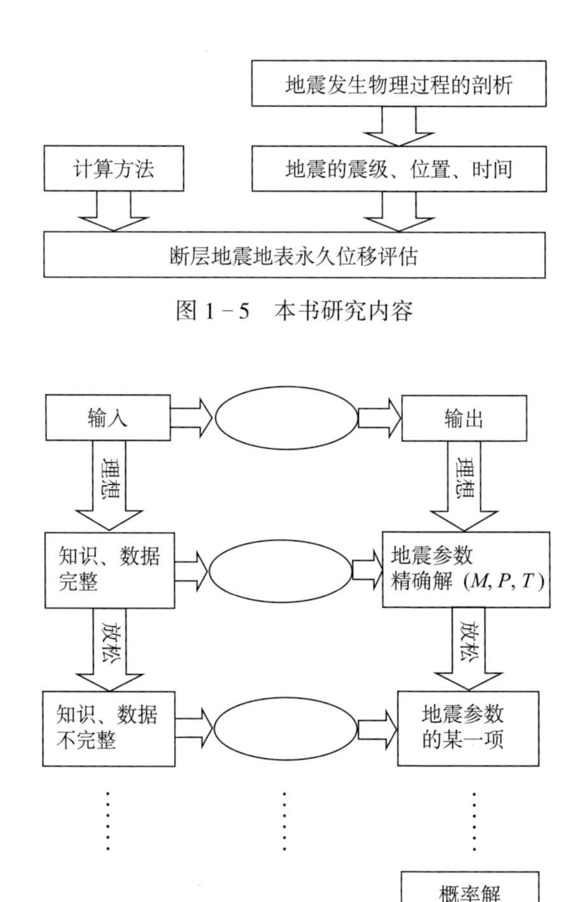

图 1－5　本书研究内容

图 1－6　确定地震参数的研究思路

质环境、断层活动特征、构造应力场及 GPS 观测数据为数据基础，进而通过断层—地块运动动力学模拟估计地震发生的敏感位置，运用断层的地震发生模型，结合地震危险性分析，估计未来可能发生地震的最大震级和时间。

对于活动断层的地震地表永久位移的计算方法，本书结合地震参数的结果及断层破裂尺度和震级的经验公式，分别运用已经检验合理的统计模型和数值模拟方法估计近断层场地和远离断层场地的地震地表永久位移。全书的研究框架和结构可参考图 1－7。

第 1 章为绪论。阐述了研究的背景和意义，介绍了活动断层地震地表永久位移相关研究的国内外研究现状及存在问题，并简单介绍了本书的研究内容。

第 2 章为地震发生物理过程的剖析。本章作为研究工作的理论依据。具体地，简述了地震发生的机理和发生过程，并从数学、力学等理论角度作了描述；分析总结了构造应力场与强震活动的关系及我国构造应力场分区；综述了 GPS 在地球动力学研究中的应用和成果。

第 3 章为基于断层活动特征的地壳运动动力学模拟。本章的研究目标是确定一个地震参数，即地震可能发生的地点。具体地，介绍了我国大陆及周边动力学环境，选择鲜水河断裂带、龙门山断裂带和东昆仑断裂带及其分割的活动地块为研究对象，阐述其构造环境及动力

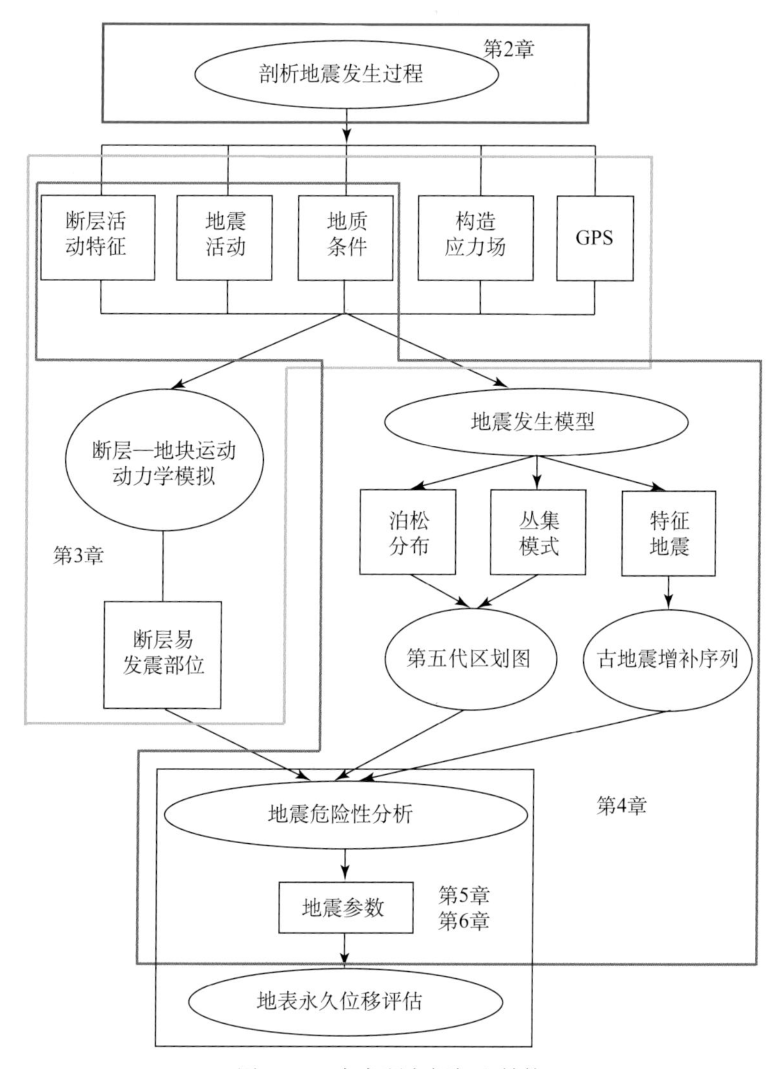

图1－7 全书研究框架和结构

学背景；依据前文的构造应力场研究资料、基于GPS观测数据确定模型约束条件，基于速率和状态相关的摩擦本构关系，模拟研究区域内最近的4次破坏性地震——昆仑山口西地震、汶川地震、玉树地震和芦山地震发生前后的断层—活动地块运动状态，分析讨论了模拟结果。

第4章为活动断层地震发生模型的研究。本章的研究目标是确定另两个地震参数，即未来可能发生地震的震级和时间。具体地，介绍了现今已有的地震发生模型，并简述了各自的方法及适用性。借鉴以往研究成果，提出了指定断层地震发生模型选定的方法和步骤。联合历史地震和古地震增补的地震序列，给出了几条断裂的特征地震。

第5章为近断层场地的地震地表永久位移估计。本章采用了基于Cornell地表地震动框架的地表永久位移的概率分析方法和设定地震分析方法，其中考虑了震级-破裂尺度关系、永久位移分布模式及位移衰减模型。统计了汶川地震中的破裂宽度沿破裂带的分布，论证了永久位移分布模式的适用性。应用此方法分析了鲜水河断裂带磨西段，得到近断层场地的最大永久位移估值。

第 6 章为远离断层场地的地震地表永久位移估计。本章简单介绍了 Mindlin 解析式的原理及公式展开，基于 Mindlin 解析式提出了断层有限范围内的地震地表永久位移估计方法，仍以鲜水河断裂带磨西段为例，对其有限范围内的地表位移场进行了数值模拟，讨论分析了计算结果。

第 7 章为本书工作内容的总结和展望。本章对活动断层地震地表永久位移的研究工作做了梳理和总结，并针对相关问题和下一阶段的研究重点进行了展望。

第 2 章　地震发生物理过程的剖析

地震预测和地震危险性估计首要的任务就是了解地震发生机理及地震发生过程。从大尺度的角度来讲，地球板块及它们之间的接触界面组成了一个大的且不稳定系统，地球内部物质和表面洋流规则扰动、非规则的混沌摄动，太阳系内星体对地球的扰动，同时也由于其材料性质的限制，板块之间的应力、变形经常处于调整过程中，调整过程大部分时间处于平稳、连续的；在特定的时间、特定的地点这种调整是剧烈的、不连续的，剧烈的应力释放过程一般伴随着地震，剧烈释放能量以波动的形式向四周传播。

需要强调一点，如果没有外部或内部的扰动，不稳定系统也没有明显的失稳表现，不同的扰动形式，失稳表现为地震震源不同的破裂方式，如正断裂、逆断裂和走滑断裂。同时，失稳表现在某一个很小时间段内，强度和刚度基本上完全丧失，但是随着时间的流逝，地质材料也逐渐自愈，恢复了强度和刚度。因此，地震的发生过程可以看成是由断层及其分割的地块构成的不稳定系统在地质作用下发生的局部失稳过程。

而从另一个角度，地震的发生过程也可看作是界面材料的破坏过程。岩土材料在外界作用下本身性质的变化会表现出较大的变形，当这种变化到了某一时刻，变形过程就会出现强烈的局部化变形模态，随着外部作用的持续与加剧，最终导致宏观失效。从理论上描述这种自然现象要求有两点，一是对岩土材料的力学性质、破坏规律、本构关系清晰、准确的描述，提出一个能够描述这个特殊要求下材料破坏的岩土的本构关系。二是确定应变局部化条件。出现局部应变化后，本构关系将能够客观地确定材料的破坏过程和最终破坏形式。

通过剖析地震发生的物理过程，可知造成巨大地表破裂的地震是板块构造发育、地质构造变化的结果。而随着现代科学技术的发展，这些结果已经能被构造应力场、GPS 观测数据等手段描述出来。搜集和分析现代构造应力场、GPS 观测数据对认识断层活动、地震过程和开展地震危险性评价工作具有十分重要的理论和实际意义。

2.1　系统失稳过程描述地震的发生

地震发生的物理过程可以描述为断层及其分割的地块组成的不稳定系统在地质作用下发生的局部失稳过程，下面基于力学、数学的观点描述了这个过程。

2.1.1　体系的平衡

设体系中存在势函数 Π。如果在某一平衡状态下有一任意小的扰动，此势函数获得一增量 $\Delta\Pi$，用 Tayler 级数在此平衡位置处展开，

$$\Delta\Pi = \delta\Pi + \frac{1}{2!}\delta^2\Pi + \cdots \tag{2-1}$$

式中，$\Pi = \frac{1}{2}\int_V \dot{\sigma} : \dot{\varepsilon}\mathrm{d}V + \int_V \dot{F} : \dot{\nu}\mathrm{d}V + \int_S \dot{T} : \dot{\nu}\mathrm{d}S$。由虚功原理可知，物体平衡的必要和充分条件为，

$$\delta\Pi = 0 \tag{2-2}$$

式中，$\delta\Pi = \int_V \dot{\sigma} : \delta\dot{\varepsilon}\mathrm{d}V + \int_V \dot{F} : \delta\dot{\nu}\mathrm{d}V + \int_S \dot{T} : \delta\dot{\nu}\mathrm{d}S$。条件 $\delta\Pi = 0$ 是平衡状态保持稳定的充分条件。

当 $\Delta\Pi>0$ 和 $\delta^2\Pi > 0$ 时，系统是稳定的；当 $\delta^2\Pi < 0$ 系统是不稳定的；当 $\delta^2\Pi = 0$，系统处于一个临界点，系统有可能稳定，也有可能不稳定。

2.1.2 总体描述解的唯一性丧失

当体系处于某一平衡状态时，平衡条件和考虑的边界条件为

$$\dot{\sigma} + \dot{F} = 0 \qquad \dot{\sigma} \cdot \nu = \dot{T} \tag{2-3}$$

唯一性丧失的原因是至少有两组解均同时满足平衡方程和边界条件，也就是说，两者差值 $\Delta\dot{\sigma}$、$\Delta\nu$ 也是控制方程的解。

$$\Delta\dot{\sigma} = 0 \qquad \Delta\dot{\sigma}\Delta\nu = 0 \tag{2-4}$$

可以证明上式等价于

$$\int_V \Delta\dot{\sigma}\Delta\dot{\varepsilon} = 0 \tag{2-5}$$

也即，$\int_V \delta\dot{\sigma}\delta\dot{\varepsilon} = 0$，也就是 $\delta^2\Pi = 0$，与上面所述相同，系统处于一个临界点，系统有可能稳定，也有可能不稳定，平衡系统处于分叉状态。

2.1.3 局部描述解的唯一性丧失

基于一体元（特征单元）的描述[161]称之为总体描述。对于体系内任一点的描述为局部描述。由于 $\int_V \delta\dot{\sigma}\delta\dot{\varepsilon} = 0$，设 y |（$y \in R^+$）为任意一场函数，有

$$\int_V y\delta\dot{\sigma}\delta\dot{\varepsilon} = 0 \tag{2-6}$$

应用 Green-Gauss 定理，上式变为

$$\int_V \delta^2 y\dot{\sigma}\dot{\varepsilon} + b \cdot t = 0 \tag{2-7}$$

当考虑域内及域内没有间断面存在时，可不计边界项 $b \cdot t$。由于 $\delta^2 y$ 为任意场函数，则

$$\dot{\sigma} \cdot \dot{\varepsilon} = 0 \quad 或 \quad \frac{1}{2}\dot{\sigma} \cdot \dot{\varepsilon} = 0 \tag{2-8}$$

上式称之为解的唯一性丧失的局部条件，等价于二阶功正定性的丧失。

式（2-5）和式（2-8）为总体、局部的解的唯一性丧失条件。与之对应，$\int_V \Delta\dot{\sigma} \cdot \Delta\dot{\varepsilon} > 0$ 和 $\frac{1}{2}\dot{\sigma} \cdot \dot{\varepsilon} > 0$ 就是一般边界值问题总体、局部解的唯一性的充分条件。$\frac{1}{2}\dot{\sigma} \cdot \dot{\varepsilon} > 0$ 也称之为 Drucker 稳定材料假定。

2.2　界面材料破坏过程描述地震发生

地震发生的过程也可以看作界面材料破坏的过程，下面将从力学角度描述这一过程。

2.2.1　界面位移间断条件

拟静力加载时，固体内部出现界面间断位移，即 $u = \bar{u} + [\![u]\!]H_u$，界面两侧作用力均可视为外力，相应的势能原理为，

$$\begin{aligned}\Pi = &\int_{V\setminus j^{\pm}} W\mathrm{d}V - \int_V bu\mathrm{d}V - \int_{S_\sigma} \varphi u\mathrm{d}S - \int_{S_{j^+}} \varphi' u^+ \,\mathrm{d}S - \int_{S_{j^+}} \varphi' [\![u^+]\!]\mathrm{d}S \\ &- \int_{S_{j^-}} \varphi'' u^- \,\mathrm{d}S - \int_{S_{j^-}} \varphi'' [\![u^-]\!]\mathrm{d}S\end{aligned} \tag{2-9}$$

式中，$W = \int_0^{\varepsilon} \frac{\partial w}{\partial \varepsilon}\mathrm{d}\varepsilon$；$w$ 为应变能密度。

$\delta\Pi = 0$，即为：

$$-\int_{V\setminus j^{\pm}}\delta u(\nabla\sigma+b)+\int_{S_\sigma}\delta u(n\sigma-\varphi)+\int_{S_{j^+}}\delta u^{+}(n^{+}\sigma-\varphi')$$
$$+\int_{S_{j^+}}\delta[\![u^{+}]\!](n^{+}\sigma-\varphi')+\int_{S_{j^-}}\delta u^{-}(n^{-}\sigma-\varphi'')+\int_{S_{j^-}}\delta[\![u^{-}]\!](n^{-}\sigma-\varphi'')=0 \quad (2-10)$$

式（2-10）左边前三项分别对应平衡方程、应力边界和间断面应力协调条件，我们关注的是第四、六项，由于其必须符合强度条件，即：$\varphi'=n^{+}\sigma_c$ 和 $\varphi''=n^{-}\sigma_c$。界面间断位移条件为

$$\delta[\![u^{-}]\!](n^{-}\sigma-\varphi'')=0 \quad (2-11)$$

由于条件中没有对应力应变矩阵进行限定，因此上述条件可以是弹性矩阵、弹塑性矩阵，也可以考虑应变硬化、应变软化情况。

当破坏强度 σ_c 随〖u〗或〖$\dot{u}$〗变化（尤其是减小）时，拟静力平衡状态被打破，分析域出现不平衡力，使静力平衡状态变化为动力平衡状态。由 $\delta\Pi=0$，考虑到式（2-10）和分析体的运动状态的改变，在某一时刻 t，有

$$-\int_{S_{j^+}}\delta\varphi'[\![u^{+}]\!]-\int_{S_{j^-}}\delta(\varphi)''[\![u^{-}]\!]=-\int_V\rho\delta u\cdot\ddot{u} \quad (2-12)$$

当位移间断面考虑位移/速度弱化时，分析域将出现位移间断加速破坏现象。但对于界面为位移/速度强化时，破坏进化不明显，除非加载继续增强。

当把分析域作为整体分析时，由关系 $\varphi'=n^{+}\sigma_c$、$\varphi''=n^{-}\sigma_c$、$u^{+}-u^{-}$ 和〖u^{+}〗-〖u^{-}〗=〖u〗，式（2-9）可以改写为

$$\Pi=\int_{V\setminus S_{j\pm}}W\mathrm{d}V-\int_{V\setminus S_{j\pm}}f\bar{u}\mathrm{d}V-\int_{S_\sigma}\varphi\bar{u}\mathrm{d}S+\int_{S_{j^+}}\varphi''[\![u]\!]\mathrm{d}S \quad (2-13)$$

式（2-13）的最后一项为位移间断界面一侧的作用力与另一侧表现出的滑移距离的积，显示了系统能量的消耗。这里重点考察破坏强度 σ_c 随〖u〗变化引起的位移间断破坏过程，因此有：

$$\Pi=\int_{V\setminus S_j}W\mathrm{d}V-\int_{V\setminus S_j}bu\mathrm{d}V-\int_{S_\sigma}\varphi u\mathrm{d}S+\int_{S_j}n^{-}\sigma_c[\![u]\!]\mathrm{d}S \quad (2-14a)$$

$$\Lambda=\int_V\frac{1}{2}\rho\dot{u}^2\mathrm{d}V \quad (2-14b)$$

式中，Λ 为系统的动能。

考虑到分析域内不同时间阶段、不同位置本构描述的差异，弱形式中应力向量独立存在。应用 Hamilton 公式，得到控制方程在时刻 t 的弱形式 $\delta\Pi-\delta\Lambda=0$，具体地：

$$-\int_V \rho\delta u\cdot\ddot{u}\mathrm{d}V=\int_{V\setminus S_j}\nabla\delta u : \sigma\mathrm{d}V-\int_V\delta u\cdot b\mathrm{d}V-\int_{S_\sigma}\delta u\cdot\varphi\mathrm{d}S+\int_{S_j}\delta[\![u]\!](n^-\sigma_c)\mathrm{d}S \tag{2-14c}$$

2.2.2　位移间断线的萌生、进化

1. 萌生条件的检测

从材料的破坏强度入手，材料没有破坏的条件必须满足下面物质点描述形式的不等式：

$$E(x)=\Phi(\sigma,\ \sigma_c(q))>0 \tag{2-15}$$

式中，$\Phi(\sigma,\ \sigma_c(q))$ 是基于应力的破坏条件，可以是摩擦准则，也可以是拉应力准则。破坏形式与式（2－11）条件相对应。

基于式（2－15）的描述，对于给定时刻、固体内的一个物质点

$$e(x):=\min(\Phi(\sigma,\ \sigma_c(q))) \tag{2-16}$$

式中，e 称为破坏指标。当某一点指示器 e 是绝对正时，对应的材料点就是完好的。

式（2－16）是整体坐标下的指标器，得到了间断面的法向与整体坐标之间的夹角，当采用等参元形式的有限元数值分析时，指标器采用局部正则坐标可能是方便的。由 $x(\xi)=N\cdot x^{\text{node}}$，可以得到间断面的法向与局部坐标之间的夹角。如二维问题，当法线方程已知时，把 $x(\xi,\ \eta)=N(\xi,\ \eta)\cdot x^{\text{node}}$ 和 $y(\xi,\ \eta)=N(\xi,\ \eta)\cdot y^{\text{node}}$ 代入 $y(x)=kx$ 或 $y(x)=\tan(\alpha^x)x$，可求出局部坐标下的法线方程 $\eta(\xi)=k^\xi(N,\ x^{\text{node}},\ y^{\text{node}})\cdot\xi$。

2. 间断的进化

由于位移间断是由指标 e 失去正值的材料点组成的，在时刻 t，间断尖端指标应该满足

$$e(x^{\text{tip}}(t),\ t)=0 \tag{2-17}$$

$$\dot{e}(x^{\text{tip}}(t),\ t)=0 \tag{2-18a}$$

应用式（2－17），可以得到间断破坏点的位置和间断的方向。式（2－18a）中应该注意的是间断指标不仅与显式时刻 t 有关，还与间断尖端随时间运动位置 $x^{\text{tip}}(t)$ 有关。由式（2－18a）得：

$$\dot{e}(x)=\frac{\partial e}{\partial t}+(\nabla e^{\mathrm{tip}})\cdot\dot{x}^{\mathrm{tip}}=0 \tag{2-18b}$$

式中，$\dot{x}^{\mathrm{tip}}$是间断尖端的速度向量，可以表示为$\dot{x}^{\mathrm{tip}}=v^{\mathrm{tip}}a^{\mathrm{tip}}$；$a^{\mathrm{tip}}$是滑移方向上的单位矢量；$v^{\mathrm{tip}}$是间断尖端进化速度。由式（2－11）可知，对于滑动情况，a^{tip}即为滑移面的切线方向$e_{\mathrm{T}}^{\mathrm{tip}}$；对于断开情况，$a_{\mathrm{T}}^{\mathrm{tip}}$即为滑移面的法线方向$n_{\mathrm{T}}^{\mathrm{tip}}$。

把$\dot{x}^{\mathrm{tip}}=v^{\mathrm{tip}}a^{\mathrm{tip}}$代入式（2－18b）则有，

$$v^{\mathrm{tip}}=-\frac{1}{\nabla e^{\mathrm{tip}}\cdot a^{\mathrm{tip}}}\left(\frac{\partial e^{\mathrm{tip}}}{\partial t}\right) \tag{2-19a}$$

如果间断面的长度用l表示，上述方程变为，

$$\frac{\mathrm{d}l}{\mathrm{d}t}=-\frac{1}{\nabla e^{\mathrm{tip}}\cdot a^{\mathrm{tip}}}\left(\frac{\partial e^{\mathrm{tip}}}{\partial t}\right) \tag{2-19b}$$

这个方程可以用来追踪单个间断尖端进化的位置，间断面的增长有可能出现几条位移间断面的连接。

滑移面的确定可以归结为滑移面法向和切向单位矢量的确定。固体中的位移间断破坏常见的形式为张开裂纹和接触滑移，上面讲到滑动方向单位矢量a^{tip}实际上是在法向和切向之间的游离，表现为一般破坏情况。

2.2.3　本构关系

1. 固体内部（$V\backslash S_{\mathrm{j}}$）

在小应变非关联塑性的情况下，材料的弹性模量张量为C，屈服函数为$\Sigma(\sigma,q)$，塑性势函数为$\Xi(\sigma,q)$，q为类应力内变量。连续位移率场描述的弹塑性应力应变关系为

$$C^{\mathrm{ep}}=C-\frac{(C:m^{*})\otimes(m:C)}{H+m^{*}:C:m} \tag{2-20a}$$

$$\lambda=\frac{(m:C):\dot{\varepsilon}}{H+m^{*}:C:m} \tag{2-20b}$$

式中，$m^{*}=\dfrac{\partial\Xi(\sigma,q)}{\partial\sigma}$，$m(\sigma)=\dfrac{\partial\Sigma(\sigma,q)}{\partial\sigma}$，$H=-\dfrac{\partial\Sigma}{\partial q}\dfrac{\partial q}{\partial\varepsilon^{p}}\dfrac{\partial\Xi}{\partial\sigma}$。

2. 界面模型（S_j）

位移间断破坏分析过程中，间断面理想化为一个有厚度的面。实际上，随着荷载的增加，材料会逐渐劣化，形成强变形带，随后进一步发展形成位移间断，使位移间断面的应变趋于无限大。假定位移间断面上的位移和应变有如下形式

$$u(x,\ t) = \bar{u}(x,\ t) + H_{S_j}[\![u]\!](x,\ t) \tag{2-21}$$

$$\varepsilon(x,\ t) = \nabla^S \bar{u} + H_{S_j} \nabla^S [\![u]\!] + \frac{1}{h}([\![u]\!] \otimes n)^S \tag{2-22}$$

式中，$H_{S_j}[\![u]\!](x,\ t)$ 是一个坡函数，宽度为 h。可以看出，当 $h=0$ 时，坡函数变为阶跃函数，表现为位移间断，方程式（2－22）右边最后一项变为无限大。间断面上的应力应变关系为

$$\dot{\sigma} = C^{ep} : \left[\nabla^S \dot{\bar{u}} + H_{S_j} \nabla^S [\![\dot{u}]\!] + \frac{1}{h}([\![\dot{u}]\!] \otimes n)^S \right] \tag{2-23}$$

假定式（2－22）右边的前两项为弹性应变，最后一项为塑性应变。弹塑性本构方程式（2－23）可由于弹性关系、流动法则和塑性一致性条件进行分解，

$$\dot{\sigma} = C : \left[\nabla^S \dot{\bar{u}} + H_{S_j} \nabla^S [\![\dot{u}]\!] \right] \tag{2-24a}$$

$$\frac{1}{h}([\![\dot{u}]\!] \otimes n)^S = \lambda m^* \tag{2-24b}$$

设 $H = \bar{H} h$，则有

$$\frac{\partial \Sigma}{\partial q} \dot{q} = -h \bar{H} \lambda \tag{2-24c}$$

式（2－24c）代入式（2－24b），并两边同除（$1/h$），有

$$([\![\dot{u}]\!] \otimes n)^S = -\frac{1}{\bar{H}} \frac{\partial \Sigma}{\partial q} \dot{q} m^* \tag{2-25a}$$

由此可见，间断宽度 h 仅存在 $\bar{H}$ 中，再由一致性条件，

$$([\![\dot{u}]\!] \otimes n)^S = -\frac{1}{\bar{H}}(m : \dot{\sigma}) m^* \tag{2-25b}$$

间断界面的本构模型为式（2-24a）和式（2-25a）或式（2-24a）和式（2-25b）。但在分析过程中，往往忽略式（2-24a），这是因为位移间断发生时，塑性变形远远大于弹性变形。式（2-25b）中的应力 $\dot{\sigma}$ 为破坏应力 $\dot{\sigma}_c$，依据式（2-25b）（包括屈服函数 $\Sigma(\sigma, q)$，塑性势函数 $\Xi(\sigma, q)$）和间断面的应力连续条件，可以构建滑动面上滑动距离和破坏应力间的显式关系。

$$(n^{-} \dot{\sigma}_c(t))_{V\setminus S_j} = F([\![\dot{u}]\!]) \qquad (2-26)$$

式中，根据不同的应力破坏准则和元素的对应关系，可以得到不同的 $F(°)$ 形式。

3. 位移间断条件中的应力表达

上述推导出应力间断条件为式（2-14），现在确定式（2-14）中的应力表达。加载初期，固体首先表现为弹性反应，应力应变关系由弹性张量确定；随着加载的增加，由弹性反应过渡到弹塑性反应，应力应变关系由弹塑性张量确定；当固体内部的物质点的应力状态满足位移间断条件时，固体内部出现界面，界面上的应力符合摩擦律，而固体内部的应力由 Kuhn-Tucker 和塑性一致性条件确定加载状态后，按卸载、中性加载或加载状态计算。Kuhn-Tucker 条件为

$$\lambda \geqslant 0 \qquad \Sigma(\sigma, q) \leqslant 0 \qquad \lambda\Sigma(\sigma, q) = 0 \qquad (2-27)$$

塑性一致性条件为

$$\lambda \dot{\Sigma}(\sigma, q) = 0 \qquad \text{if} \quad \Sigma(\sigma, q) = 0 \qquad (2-28)$$

在这样限定的前提下，加载和界面上抗力的变化控制了固体（$V\setminus S_j$）内的本构反应，应力和应变关系由下面条件确定，

$$\begin{array}{llllll}
\Sigma < 0 & & \Rightarrow \lambda = 0 & & \Rightarrow \dot{\sigma} = C : \dot{\varepsilon} & (\text{弹性}) \\
\Sigma = 0 & \dot{\Sigma} < 0 & \Rightarrow \lambda = 0 & & \Rightarrow \dot{\sigma} = C : \dot{\varepsilon} & (\text{弹性卸载}) \\
\Sigma = 0 & \dot{\Sigma} = 0 & \Rightarrow \lambda = 0 & \dot{q} = 0 & \Rightarrow \dot{\sigma} = C : \dot{\varepsilon} & (\text{中性加载}) \\
\Sigma = 0 & \dot{\Sigma} = 0 & \Rightarrow \lambda > 0 & \dot{q} \neq 0 & \Rightarrow \dot{\sigma} = C^{ep} : \dot{\varepsilon} & (\text{塑性加载})
\end{array} \qquad (2-28)$$

2.3　构造应力场的研究

联系上述地震发生的物理过程的数学、力学描述，不难发现地壳中的应力状态与断层活动、地震发生十分密切，研究现代构造应力场对认识断层活动、地震过程和开展地震危险性评价工作具有十分重要的理论和实际意义。对我国大陆构造应力场的研究，将为本书后面将要展开的活动断层及其所分割的活动块体的动力学模拟工作作铺垫，包括前期的边界约束、

参数确定及后期计算结果合理性分析都会以此作为重要的依据和参考。因此，对构造应力场研究的综合论述是很有必要的。

2.3.1　中国现代构造应力场的研究进展

对于中国大陆构造应力场的研究进展，李红[29]曾作了详细论述。自 20 世纪 70 年代开始，关于构造应力场的研究已有很多，邓起东等[6]根据地质构造、地震和地壳形变等资料，研究了中国晚第三纪以来构造应力场的主要特征，认为中国大陆构造应力场是受印度洋和太平洋板块联合作用的控制。李方全等[29]根据应力解除法和水压致裂法的原地应力测量资料，分析研究了中国的现今地应力状态及有关问题，认为随深度增加、应力值增加，水平主应力具有很强的方向性，最大水平主应力方向与现今地壳运动有关。臧绍先等[86,87]综合地震、地质资料，对中国周边板块的相互作用及其对中国应力场的影响作了研究，指出板块的相互作用是中国大陆应力场的主要动力来源。汪素云等[53]、许忠淮等[75,76]基于大量小震资料推断了中国大陆现今构造应力场的特征。许忠淮等以 2993 个浅源地震矩张量解分布图为依据，指出东亚地区的现今构造应力场除受印度—欧亚板块碰撞的强烈影响外，俯冲带的弧后扩张亦有重要影响。吴忠良等[66,67]利用哈佛 CMT 目录和 NEIC 宽频带地震辐射能量目录研究了全球以及中国大陆的视应力分布，认为视应力分布与 20 世纪的积累地震能量分布有关，并利用地震矩张量元素，研究了中国大陆地壳的压张状态。丁国瑜[7]的《中国岩石圈动力学概论》和马杏垣[38]的《中国岩石圈动力学地图集》，从构造环境、介质、结构、应力、运动、变形、深部过程和力源的角度对我国岩石圈动力学过程进行了综合阐述，汇集了我国岩石圈现代运动和变形，以及现今正在进行中的各种过程的信息，并指出将来会导致运动的因素等。《中国岩石圈动力学地图集》的出版，对中国大陆地球动力学研究具有非常重要的意义。

20 世纪 90 年代以来，以 GPS 技术为代表的空间测地技术已成为监测地壳运动和地球动力学现象的主要手段，国内外的许多研究者利用 GPS 测量结果研究中国大陆的运动学特征。周硕愚等[107]利用全国 GPS 网的测量结果，研究了中国大陆刚性块体的运动，首次完全基于空间大地测量数据定量揭示了在中国大陆范围内各主要构造块体在数年尺度上的现今运动。帅平等[45]基于连续介质力学理论，由全国网的 GPS 观测数据，计算了中国大陆地壳的运动速度场及应变场。空间大地测量技术不仅能够给出大区域的现今地壳运动图像，还可以给出小区域的地壳运动变形，为研究断层和地震活动提供新的手段。张培震等[92]利用横跨断裂的 GPS 观测，计算中国大陆主要活动断裂的现今滑动速率，发现主要活动断裂的 GPS 滑动速率与地震地质学给出的晚第四纪滑动速率在运动方式和运动量上大体一致。乔学军等[41]、万永革等[46]利用 GPS 资料反演昆仑山口西 8.1 级地震位移和地壳形变，其结果与地表野外调查获得的同震形变场一致。GPS 观测与数值模拟方法有效地结合，成为研究区域构造应力场的一种主流方法。研究者通常以 GPS 观测作为检验基础或约束条件，通过对研究区域动力学模型的正、反演数值模拟或计算，分析其地壳位移、应力、应变场等动力学特征，探讨其构造运动的驱动力源和动力学演化模式。

在上述研究的基础上，许多研究人员利用数值模拟的方法研究了中国大陆的应力场，试图给出中国大陆应力场的边界条件，揭示构造应力场与大陆强震的关系。汪素云等[52]利用平面应力有限元法对中国及邻区现代构造应力场进行了分析，认为印度板块对中国大陆的作用力最大，大约是太平洋板块和菲律宾海板块的 2 倍。王仁等[50]提出了利用有限元技术和线性叠加原理，根据区域内的观测位移、应力和应变等量，反演区域边界作用或位移的基本思想和方法。许忠淮等[75]在利用上述方法反演板块边界作用力时，提出了两种只根据区域内部应力方向观测结果反演区域边界作用力的方法，即约束反演法和应力张量拟合法，并根据中国东部及附近地区的主压应力轴方向观测结果，采用二维线弹性有限元模型反演了周围板块边界的作用力的相对大小。汪素云等[54]利用新编的中国及其邻区地震震源机制解推算的观测应力方向，基于平滑后的区域上均匀分布的主压应力方向，反演了周围板块作用力的方向及相对大小。张东宁等[89,90]利用三维线弹性有限元法模拟了东亚地区的三维构造应力场，结果表明轴的走向在中国大陆地区成辐射状分布，其中心大致在青藏高原，并利用粘弹性有限元模型，引入应力场和应变场约束，采用试错法研究周边板块作用力的大小。安美建等[1]利用遗传有限单元反演法对东亚部分地区现今构造应力场进行二维平面应力模型拟合反演运算，得到了影响该地区应力场分布的边界作用力相对值及方向。傅容珊等[15]将大陆岩石圈视为幂指数率控制的薄层，并上伏在粘滞性较低的软流层之上蠕变流动，其运动限制在与东亚大陆构造形态较相似的梯形边界模型框架之中，模拟了青藏高原的挤压隆升和中国大陆形变的演化过程。于泳[85]采用多种模型对中国大陆强震区的形成和地震空间分布的非均匀性进行了研究，并建立了模拟断层和块体运动的有限元-弹簧滑块模型。范俊喜[12]采用平面应力线弹性有限元方法研究了鄂尔多斯地块运动及其周边应力场的变化。朱守彪[108]采用遗传有限元，研究了造成中国西南地区、青藏高原和整个中国大陆及其邻区应力场的边界作用力、地形扩展力和下地壳拖曳力的大小和方向。陈连旺[4]利用有限元法，对中国大陆、华北和川滇地区现今构造应力场进行了动态演化模拟，并研究了其与地震活动的关系。王凯英[48]利用有限元模拟研究了川滇地区应力场的力源及其影响因素，并将断层相互作用与块体活动联系起来，探讨了块体运动、块体相互作用与断层相互作用的关系。

2.3.2　中国现代构造应力场的分区

中国大陆构造应力场受周边板块作用显著，大陆内部由于构造格局及其运动的差异，应力状态的区域特征十分明显。为客观反映中国大陆构造应力场细结构及其非均匀特征，对构造应力场分区是很必要的。谢富仁等依据“中国大陆地壳应力环境数据库”资料，总结了中国大陆及邻区现代构造应力场的基本特征，依据构造应力的力学属性、变形特征及其力源，提出了划分构造应力分区的原则和方法[71]。

中国大陆现代构造应力场分为 2 个一级应力区，4 个二级应力区，5 个三级应力区和 26 个四级应力区（表 2-1）[71]。一级构造应力区主要受控于作用在板块边界的力和边界上的几何特征，在大范围和长时间内应力作用保持稳定和均匀；二级构造应力分区受区域块体间的相互作用控制，应力作用在较大范围内具有较强的相关性；三级构造应力区受区域内部块体间相互作用的控制，应力结构在一定区域范围内具有相似性；四级构造应力区受控于块体和断裂相互作用的影响，其应力性状（方向、强度和结构等）一致性较好[71,72]。

表 2-1　中国现代构造应力场分区[59,60]

一级区	二级区	三级区	四级区
中国东部应力区（A）	东北-华北应力区（A1）	东北应力区（A11）	
		华北应力区（A12）	华北平原应力区（A121） 汾渭短陷应力区（A122） 鄂尔多斯应力区（A123） 河套—银川断陷应力区（A124） 豫皖—苏北应力区（A125）
	华南应力区（A2）		华南主应力区（A201） 东南沿海—台湾应力区（A202） 南海—北部湾应力区（A203）
中国西部应力区（B）	新疆应力区（B1）		塔里木盆地应力区（B101） 天山应力区（B102） 准格尔盆地应力区（B103） 阿尔泰应力区（B104） 阿拉善应力区（B105）
	青藏高原应力区（B2）	青藏高原北部及北东边缘应力区（B21）	帕米尔应力区（B211） 藏北高原应力区（B212） 柴达木盆地应力区（B213） 祁连山—河西走廊应力区（B214） 海原—六盘山应力区（B215） 西秦岭应力区（B216） 巴颜喀拉山应力区（B217） 龙门山—松潘应力区（B218） 川滇应力区（B219）
		青藏高原南部应力区（B22）	藏南应力区（B221） 墨脱—昌都应力区（B222） 滇西南应力区（B223）
		喜马拉雅应力区（B23）	喜马拉雅应力区（B231）

2.3.3　构造应力场与强震活动的关系

基于现代构造应力场基本特征的研究和《中国现代构造应力场图》（图 2-1）的编制，进行构造应力分区[30]，初步揭示了现代构造应力场和地震活动有着紧密的联系。我国大陆及周边区域的地震活动和构造应力场有着明显的对应关系，且地震活动程度不同其对应的应力区级别也不同（图 2-2）。谢富仁等[74]针对构造应力场和强震活动的关系已作了研究，结果表明活断层上应力变化，构造应力场的背景，构造应力场的方向、结构和强度变化，板块应力边界，局部重力变化等都会影响强震活动。

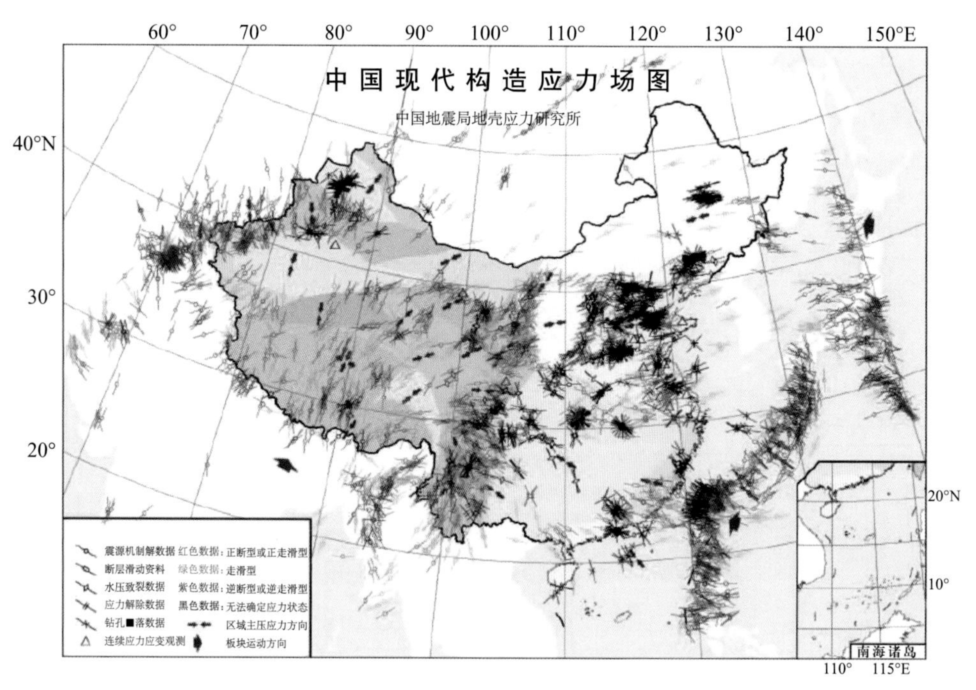

图 2-1　中国大陆现代构造应力场图[74]

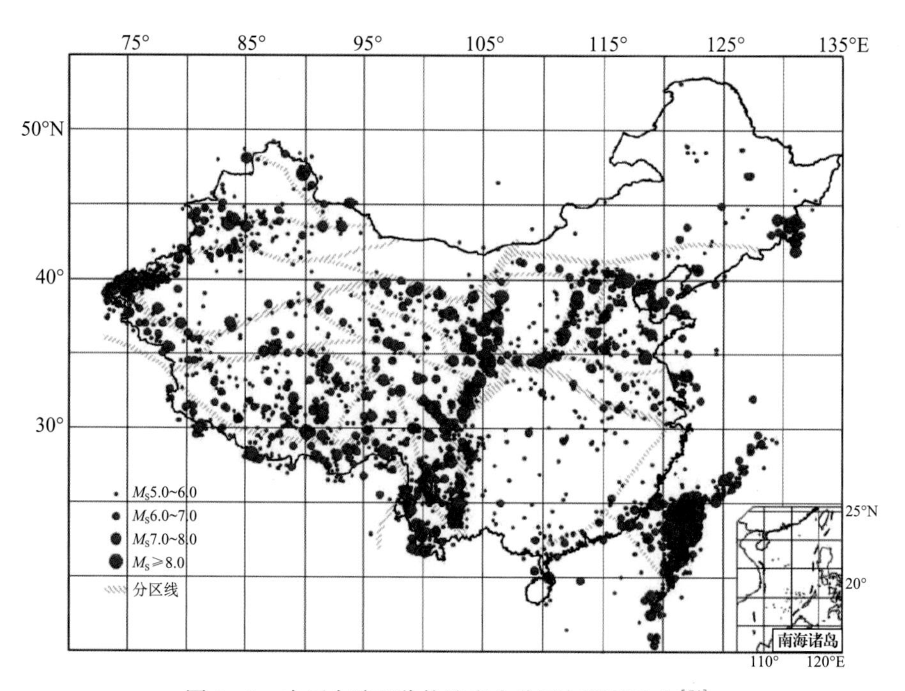

图 2-2　中国大陆现代构造应力分区与强震分布[74]

（1912~1990 年 $M_S \geq 5.0$ 级地震；2008 年汶川 $M_S = 8.0$ 级地震；2010 年玉树 $M_S = 7.1$ 级地震）

1. 活动断裂上应力变化与强震活动

强震易发地点往往处于活动断裂上构造应力类型及方向变化的部位。如中甸—红河断裂带的转折部位—滇西北地区，它是地震剧烈活动区段。滇西北以南与以北的断裂带区段构造主应力方向为北北西—南南东，应力结构为走滑型，可以看出滇西北地区沿断裂带构造应力方向发生了显著变化[72]（图 2－3），在其他活动断裂带上也有类似情况。

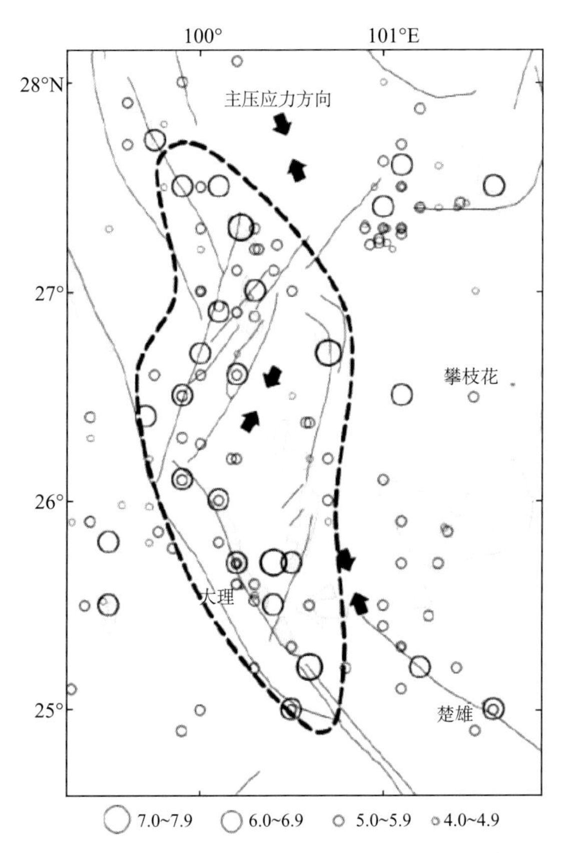

图 2－3　滇西北现代构造应力场与强震分布

2. 构造应力场背景与强震活动

具有复杂分布和强烈作用构造应力场的区域也是频繁发生强震的地区。如华北地区、青藏高原地区、台湾和新疆，这些是我国频发强震的区域，也是具有较复杂构造应力分布的地区，或是板块推挤或碰撞受力最强的地区。

根据中国新编地震目录[102]，初步统计了中国地震分布（图 2－2），发现发生的 7 级以上地震的地区中，台湾应力区和青藏高原应力区占我国大陆地震的 70%以上，占 20%以上的是新疆地区和华北地区。其中，对于 6 级以上强震，占我国地震的 75%以上的是台湾和青藏高原应力区，占 20%左右的是新疆和华北地区，而东北和华南地区只占不足 5%[72]。构造应力场强度大、类型分布复杂的区域是我国最主要的地震频发区[72]。

3. 构造应力场方向、结构和强度变化与强震活动

中国的地震区划将全国分为 23 个地震带作为统计单元[72,25]。我国地震活动在空间分布上具有非均匀特征，它表现在地震带内发生的破坏性地震占总数的 90%以上。地震带不仅地质构造特征明显，而且在构造应力方向、作用强度以及结构类型上的变化特征都很显著。

具有显著变化的构造应力场应力结构类型与主方向的典型代表是我国西南部的川滇活动块体及周边（图 2－4）。川滇活动块体的主体构造主应力结构为走滑型，应力方向为北北西—南南东，而其东侧的华南块体构造主应力结构为走滑型，应力方向为南南东—北西西，位于其北东的松潘—龙门山区域构造主应力结构为逆断型，应力方向为北东东—南西西[68,70,72]。而地处华南主体应力区与川滇应力区间的安宁河—小江断裂带和地处松潘—龙门山应力区与川滇应力区间的鲜水河断裂带是强震频发地段。

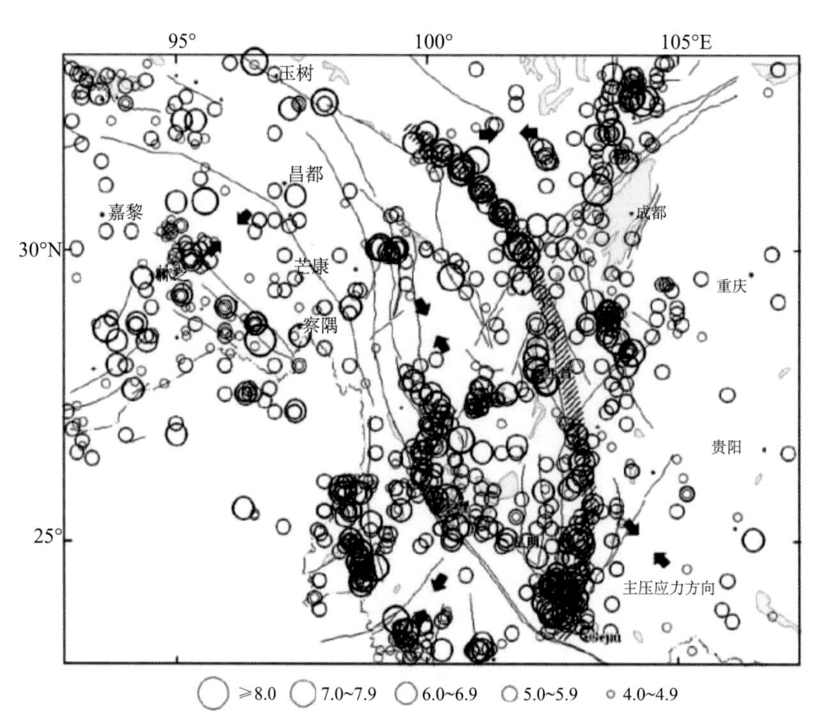

图 2－4　川滇活动块体及周边现代构造应力场与强震分布

在构造应力场环境及背景相同的地方，具有相对较高地应力值的地区往往容易发生强震。例如同在 320~450m 深度的云南滇西北区域，其中永平测点仅为 15Mpa，而同样深度上的下关、剑川和丽江测点的水平最大主应力值分别为 30. 2、2. 9 和 23. 4MPa。而滇西北频发强震的区域正是下关、剑川和丽江地段。

4. 板块应力区边界与强震活动

南北地震构造带是同属我国板块动力作用一级应力区的西部应力区和东部应力区的交界。此构造带是强震频发和易发的区域，具有复杂的应力分布和强烈的构造运动。中国南北地震构造受不同板块联合作用所控，因而其现代构造运动非常剧烈。区内从南向北，发育有鲜水河—则木河—小江断裂带、龙门山断裂带、岷江断裂带、东秦岭断裂带、海原—六盘山断裂带、鄂尔多斯西缘断裂带等一系列活动构造，发生了一系列剧烈的地震活动，是我国大陆地震活动性最强的区域[74]。

2008 年 5 月 12 日，龙门山断裂带上发生了 8.0 级汶川大地震，龙门山断裂带属于南北地震带的一部分。汶川地震后运用断层滑动资料反演的构造应力场结果显示，龙门山地区的现代构造应力场具有以逆断型为主的应力结构，以东西向挤压为主要特征[11,74]。于 2010 年 4 月 14 日发生的青海玉树 7.1 级强震位于甘孜—玉树断裂上，其在三级应力分区的边界上。

5. 局部应力变化与强震活动

构造应力背景比较均匀的地区内，局部应力变化区域是相对集中发生强震的地段。以我国华北地区为例，其构造应力场应力结构以走滑为主，总体表现为北东东—南西西方向的挤压，(图 2－5)。汾渭断陷带和银川—河套断陷带位于华北区域中、西部，其构造应力主要是拉张型，应力结构和方向明显不同于华北地区[73,74]。

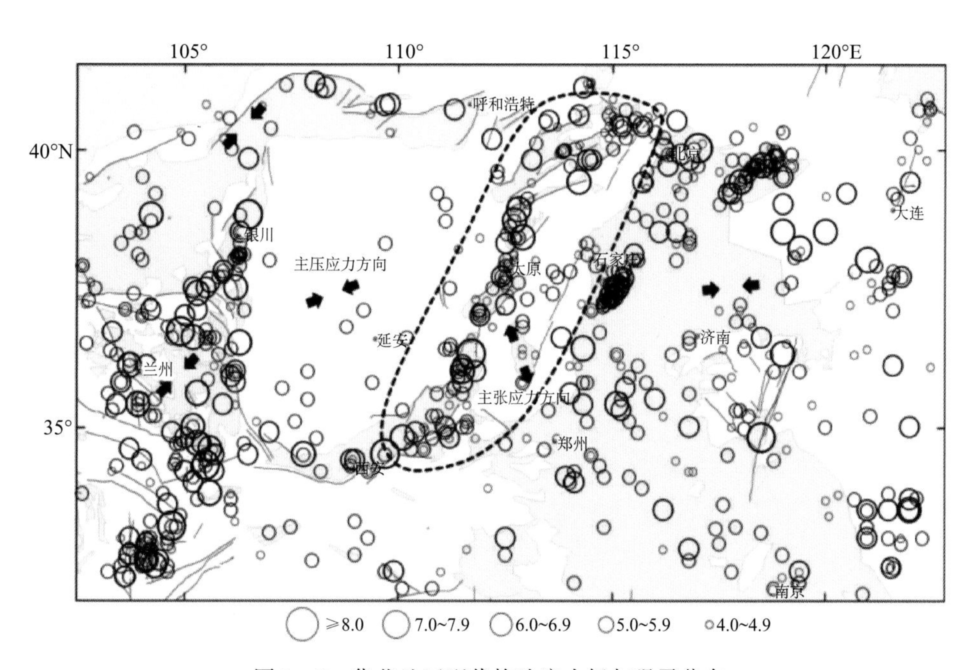

图 2－5　华北地区现代构造应力场与强震分布

新疆南、北天山地震带地处由强变弱和由弱变强的构造变形过渡地带，是局部构造应力变化区发生地震的典型代表[74]（图 2－6）。伽师和帕米尔地区存在两组不同的构造应力方向，分别是 NNW—SSE 和 NNE—SSW。这种局部应力状态的变化可能引起应力积累的不均匀分布，从而成为地震易发生区。

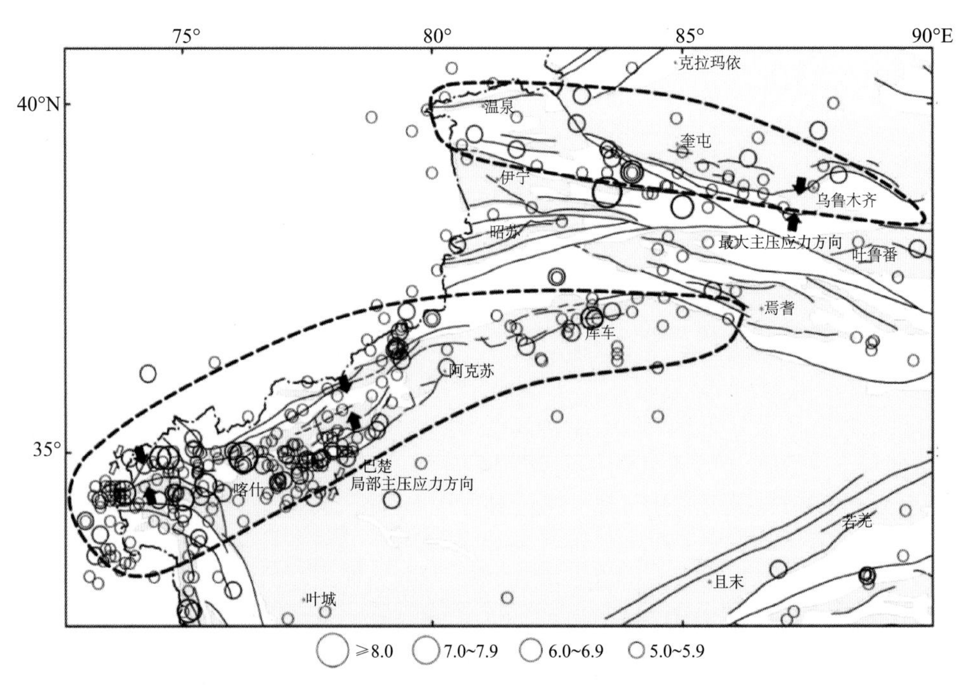

图 2－6　天山地区现代构造应力场与强震分布

2.4　GPS 在地球动力学研究中的应用

GPS 技术是监测地壳形变和板块运动的主要手段，作为一种全新的大地测量技术，其观测结果可以提供高精度、大范围和准实时的地壳运动定量数据[85]。利用 GPS 全球网和区域网的多年观测结果，已获得全球和各活动构造带地壳水平运动的可靠结果，建立了现今的全球板块运动和区域性的活动块体运动模型[43]。随着人们对导航定位性能要求的不断提升，以及航天、通信及卫星导航技术本身的发展，原始 GPS 在性能上的局限性已越来越明显，新一代 GNSS，如现代化的 GPS、不断改造的 GLONASS 以及新建的欧盟 Galileo、我国的北斗卫星导航系统（BDS），都有了新的改进，处于迅速发展之中[159]。

我国是在 1988 年开始 GPS 地壳运动监测的，第一个 GPS 地壳形变监测网是中德合作滇西地震试验场上建立的。之后，中国地震局有关单位陆续在川滇、河西走廊、青藏高原、新疆、华北等地区设了大量 GPS 流动观测网点，并参与建设国家 A 级网和“攀登项目”——全国地壳运动监测网等[85]。此外国内外的一些研究机构也在青藏地区及周边布设了大量 GPS 网，如川滇与青藏东北缘观测网、西藏与尼泊尔观测网、阿尔金断裂观测网等[99]。现阶段，我国 GPS 地壳观测网络分布广泛，共建有 200 个基准站、2000 个区域站[159]（图 2－7）。

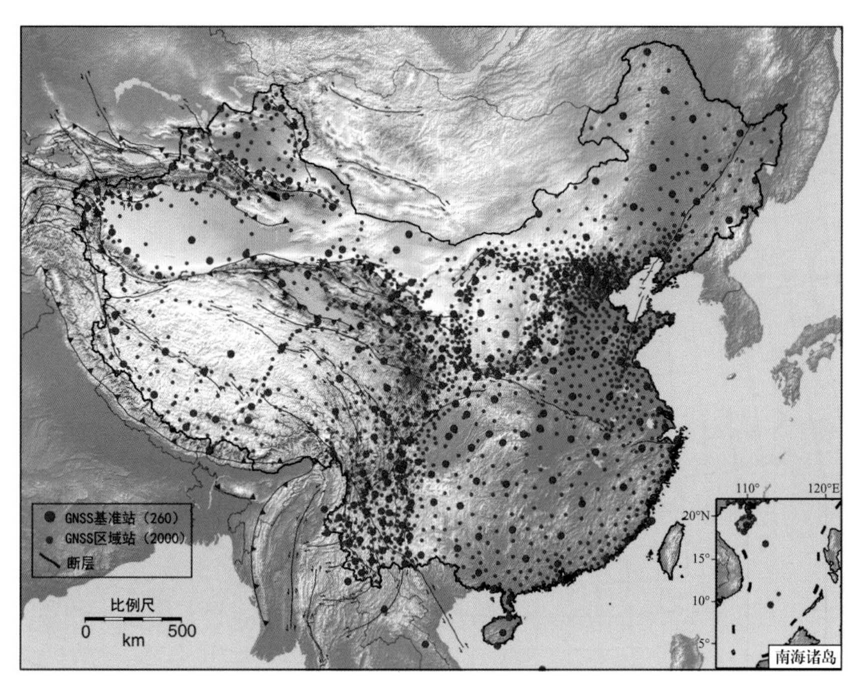

图2－7　中国大陆构造环境监测网络站点分布图（中国地震台网中心）

基于GPS监测数据，得到了较完整的中国大陆及其周边地区地壳运动的速度场（图2－8）和应变率场（图2－9），揭示了中国大陆现今构造变形的运动特征，为地球动力学研究提供了非常重要的约束条件和基础资料。其特征从宏观尺度上可以看出：中国地壳水平运动呈现明显的非均匀性、西强东弱，中国西部地区的地壳运动受印度板块强烈冲击呈现南北向缩短、东西向伸展、有明显块体特点。具体为：

（1）我国东部的华北地块和华南地块相对于稳定的欧亚板块（西欧和西伯利亚），具有整体向南东东方向运动的趋势，而且越向南速度矢量越大，似乎反映了二者作为整体围绕某一位于东西伯利亚的欧拉极逆时针旋转的刚体运动[40]。

（2）从图2－8中，可以看到绕东喜马拉雅构造川滇地区和青藏高原按顺时针旋转。GPS观测的速度矢量在西藏东部向北东方向运动，川西转为向南东东方向，到云南中部转为向南南东方向，再到云南西部转为向南西方向运动[40]。

（3）我国西部速度矢量由南向北逐渐递减，表明青藏高原的地壳缩短吸收了绝大部分印度和欧亚板块之间的相对运动，剩余部分则被天山及以北的缩短所吸收[40]。

（4）速度矢量场明确地显示了不同构造单元的运动速度或变形方式在区域上的差异，不同地块具有不同的变形特征和运动速度。深入分析图2－8将会发现更多的有关中国大陆及重要活断裂带的运动学信息。

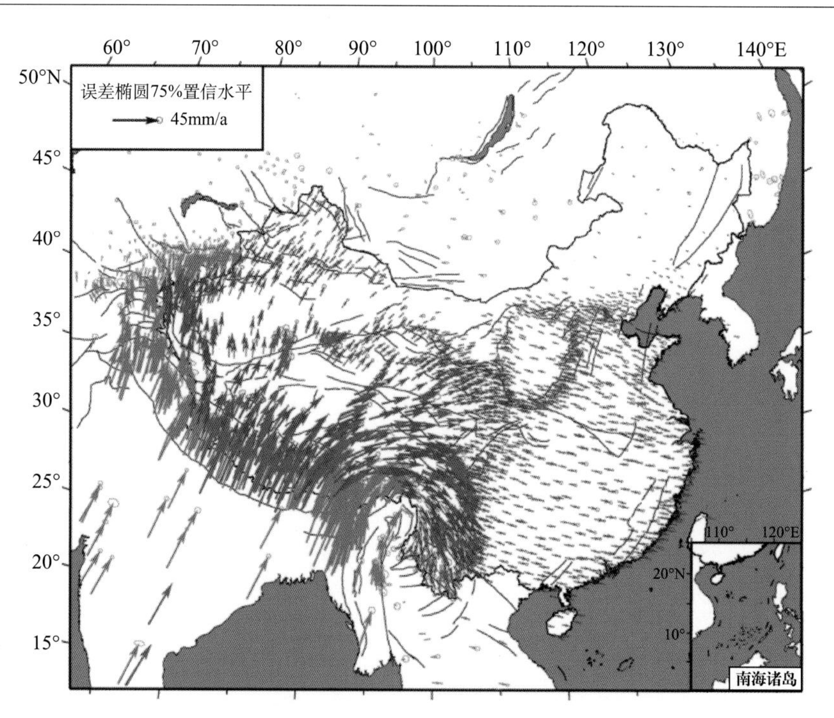

图 2-8　中国大陆及周边地区 GPS 地壳水平运动速度场[160]

箭头的不同颜色大致区分了 GPS 点的不同来源：

橘红色——陆态网络；浅蓝色——区域监测网；灰色——境外点

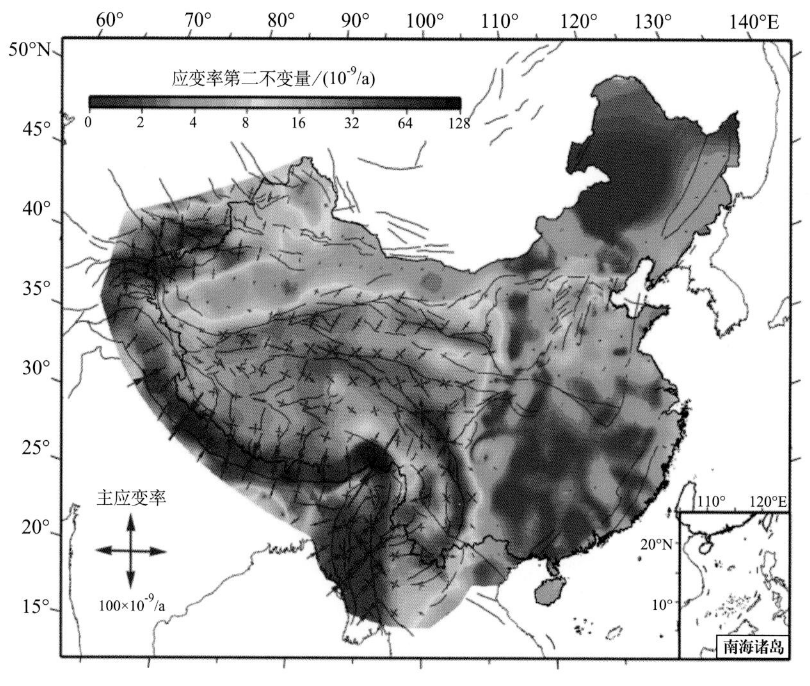

图 2-9　基于 GPS 速度场的中国大陆及周边地区应变率场[160]

第 3 章　基于断层活动特征的地壳运动动力学模拟

3.1　引言

地震的孕育、发生和断层及其运动紧密联系在一起。强震往往发生在非连续构造变形最强烈的地方，这些地方就是切割地壳表层的活动断裂系统。强震是在区域构造作用下，应力在断裂—活动地块体系不断积累，突发失稳破裂的结果，特别是构成活动地块区和地块边界的断裂带，由于其切割地壳深度大、差异运动强烈而非连续性更强，最有利于应力的高度积累而孕育大地震。这可能就是为什么绝大部分强震发生在活动地块区和地块边界带的重要原因[40]。

中国大陆地区强震（$M \geqslant 7$ 级）主要发生在活动地块边界带，其他地区的强震活动相对较弱，一般很少发生 7 级以上地震。这些边界带往往以某个活动断裂带为主导，具有较大的变形幅度。因此，分析发震断层活动特性，对其分割的地块进行运动动力学模拟，从而确定地震易发区域，是地震危险性评价工作的基础和依据。本章将依据前文的构造应力场研究资料、以 GPS 数据反映的地表水平位移或形变（速率）作为地表约束参考、结合断层的几何特征、运动学特征等地质资料及历史地震资料，基于速率和状态相关的摩擦本构关系，利用断层的摩擦特性在大震发生前后的差异，模拟最近几次重大破坏性地震发生前后的断层—地块运动状态，分析了应力、应变、位移状态与地震发生的可能联系，推断主要活动断层上未来可能发生地震的危险地段。

3.2　中国大陆及周边动力学环境

中国现代构造应力场的格局明显受制于周边板块的动力学作用。欧亚大陆与印度板块的碰撞是造成中国大陆现代构造应力场格局的主要动因，印度板块以 50mm/a 速度向北碰撞欧亚大陆[10,74]，青藏高原南部地区首当其冲受到巨大的挤压，快速隆起，并在其上部形成横向的拉张。而后是青藏高原北部地区及其北、东边缘地带，在南有青藏高原南部的推挤，北有塔里木—天山、阿拉善块体阻挡的作用下，区内的地壳物质向东及东南移动，形成了该地区以剪切应力作用为主的构造环境，造就了一批典型的巨型走滑断裂带，如阿尔金断裂带、东昆仑断裂带、鲜水河断裂带等[160]（图 3－1）。

我国华北地区主要受太平洋板块向西俯冲和印度板块向北推挤的联合作用，形成北东向右旋正断断裂、北西向左旋正断断裂的剪切—拉张构造环境；同时受琉球岛弧明显弧后扩张和菲律宾海板块在台湾的强烈碰撞的联合作用，导致华北扩张和下沉，这可能是产生华北地震带的一个原因[74,78]。

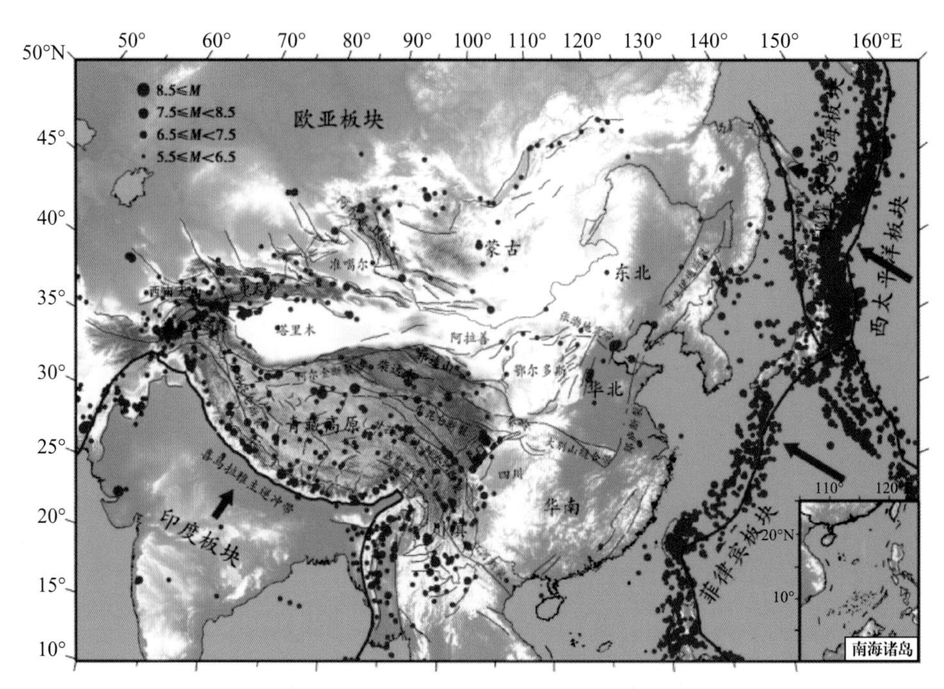

图 3－1　中国大陆及周边地区活动构造[160]

黑粗线为板块边界；箭头代表相对欧亚板块的板块运动方向；灰线为主要的活动断裂；红色圆点代表 1960~2019 年 $M \geqslant 5.5$ 级地震

我国东北地区主要受太平洋板块的向西俯冲作用，表现为以北东向右旋或右旋逆断断裂、北西向左旋或左旋逆断断裂的剪切—挤压构造环境。华南板块主要受菲律宾板块在台湾地区与大陆的碰撞作用，表现为以北西向断裂右旋、北东向断裂左旋或左旋逆断的挤压—剪切构造环境[74]（图 3－1）。

3.3　巴颜喀拉地块构造环境与动力学背景

本书算例是以大岗山水坝工程为研究背景，其工程场地处于巴颜喀拉地块范围内，巴颜喀拉地块位于青藏高原东南缘、川滇地块西北缘。由构造应力场研究、地质资料、历史地震等综合分析，得知我国大陆青藏高原地块和川滇地块都是运动活跃、地震频发地区，已有很多专家学者对此作了大量详细的研究分析，亦取得了可靠的研究成果。巴颜喀拉地块被鲜水河断裂带、龙门山断裂带和东昆仑断裂带包围分割出来，这三条断裂都是巨型活动断裂，也是强震频发区域。如震惊中外的 2008 年 5 月 12 日汶川 8.0 级特大地震就发生在龙门山断裂上，2010 年 4 月 14 日鲜水河断裂带上的 7.1 级玉树地震，东昆仑断裂带上 2001 年也发生过 8.1 级强震。因此，本章选取巴颜喀拉地块及其邻近区域作为研究对象，研究区域范围的经纬度为 90.11°~106.37°E，29.05°~36.28°N，如图 3－2。

巴颜喀拉地块以东昆仑活动断裂带为北边界，龙门山断裂系为东边界。2001 年 11 月 14

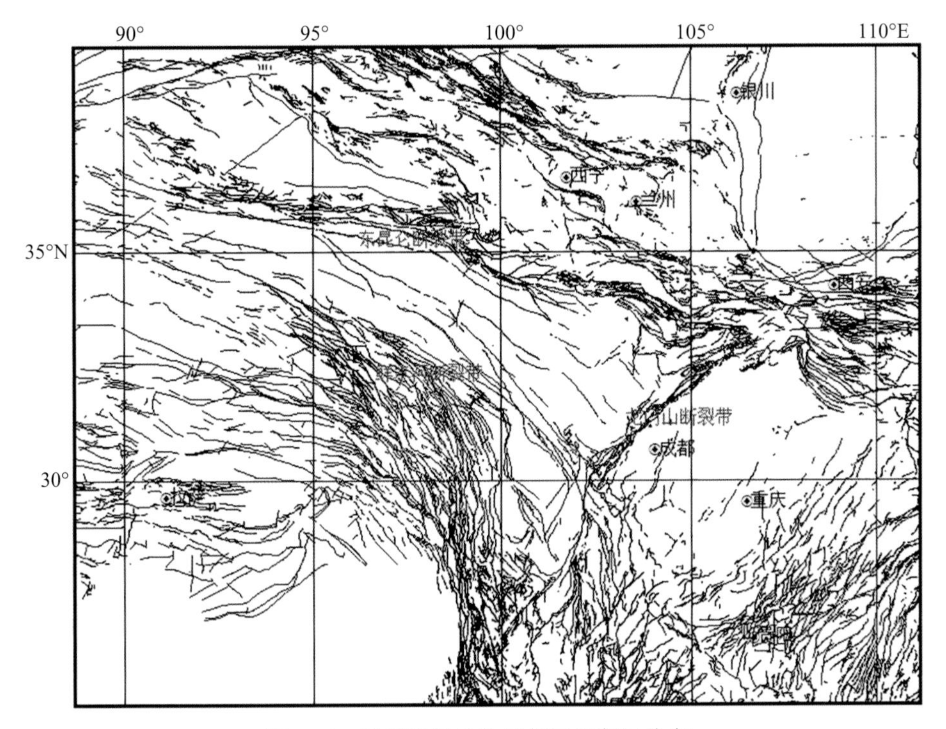

图 3－2　巴颜喀拉地块及邻区的断层分布

日青海昆仑山口西 8. 1 级地震发生在该断裂带滑动速率较大的西段。昆仑山口西 8. 1 级地震和 1997 年玛尼 7. 9 级地震的发生，以及一些地质资料，都说明昆仑地块的西部比东部活动性强[24]。

鲜水河断裂带是巴颜喀拉活动地块的西边界，具有左旋走滑的特性。1981 年道孚 6. 9 级地震的破裂带及震源机制又一次表现了这一特性。具有张性的 1982 年 6. 0 级甘孜地震发生在相互左阶雁列的两条左旋走滑断裂带：鲜水河断裂带和甘孜—玉树断裂带之间的拉分区里，依然说明鲜水河断裂带具有左旋走滑的运动特性[24]。

大量的研究表明，围限巴颜喀拉块体的断裂带不仅在地表有断裂，而且在地壳深部亦有显示。沿这些断裂带分布有许多震中，由震源机制与宏观考察得到其上的强震破裂机制是：龙门山断裂带逆冲，东昆仑断裂带东段的舒尔干—花石峡断裂带和鲜水河断裂带左旋走滑，虎牙断裂带右阶左旋走滑。这些都表明，由这些断裂带围限的巴颜喀拉块体可能向南东方向运动。由于东昆仑断裂带东段的左旋走滑速率略低于鲜水河断裂带，可以推测，巴颜喀拉块体向南东的滑动速率可能比川滇地壳块体的小一些[24,40]（图 3－3）。

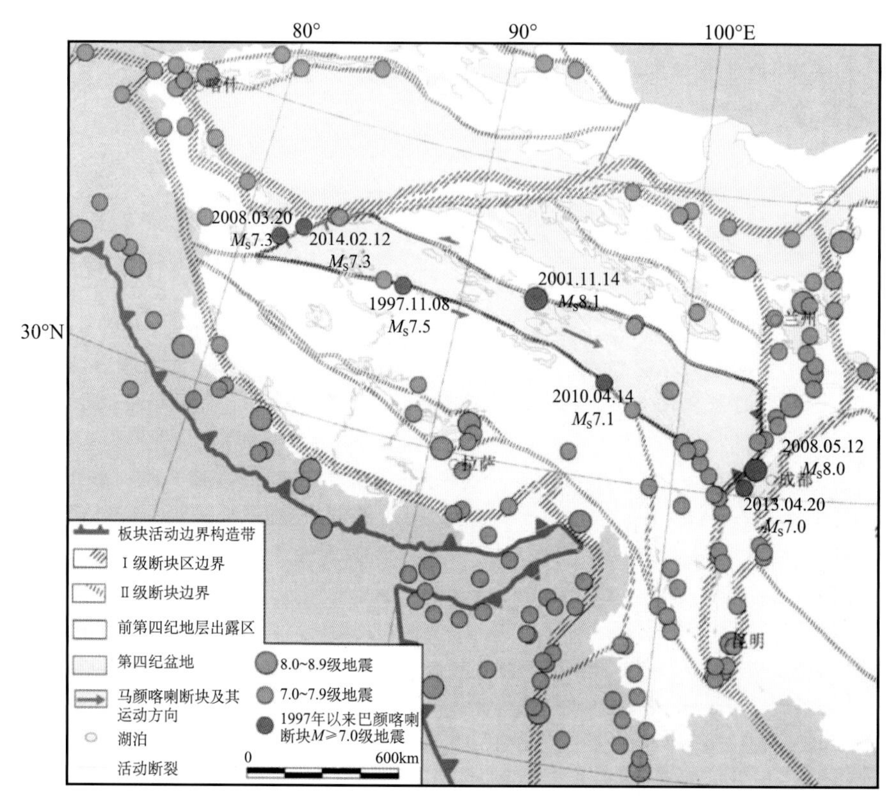

图 3－3　巴颜喀拉块体及周缘区域地质构造图[24]

3.4　主要活动断裂的活动特征

本章所选研究区域内主要涉及了三条大型活动断裂带（图 3-2），分别是鲜水河断裂带、龙门山断裂带和东昆仑断裂带。下面对它们的活动特征进行论述。

3.4.1　鲜水河断裂带

鲜水河断裂带为我国西部著名的强震活动带，在大地构造上位于四川西部Ⅱ级构造单元—松潘—甘孜地槽褶皱系内部，是松潘—甘孜地槽褶皱系内部两个次级构造单元的分界线。据统计，鲜水河断裂带发生过 8 次 7 级以上强烈地震和多次 6.0~6.9 级强地震，有强度大、频度高的地震活动特点[34]。

鲜水河断裂带北西起甘孜西北，向南东经炉霍、道孚、乾宁、康定、磨西，石棉新民以南活动行迹逐渐减弱，终止于石棉公益海附近[82]。断裂带在康定西北走向 310°~320°，康定以南走向 310°~320°，全长约 400km。鲜水河断裂带由炉霍断裂、道孚断裂、乾宁断裂、雅拉河断裂、中谷断裂、色拉哈—康定断裂、折多塘断裂、磨西断裂等八条断裂组成[34]（图 3－4）。以惠远寺拉分盆地为界，断裂分为北西和南东两段，北西段长约 200km，由炉霍段、道孚段、乾宁段三条次级断裂组合呈左行羽列的雁列状构造，几何形态和内部结构比较单一，走向315°，断裂带主要呈直线状延伸并伴有微角度的走向弯曲，有显著的左旋走滑运动特征；南东段断裂结构比较复杂，断裂走向北10°~30°西，总体呈一略向北东凸出的弧形状，有一系列的次级分叉活动断裂伴生。乾宁—康定段由雅拉河断裂、中谷断裂、色拉哈—康定断裂、折多塘断裂近于平行展布而成，几何形态和内部结构都比较复杂，总体走向320°~330°。康定以南断裂基本上呈单一的主干断裂延伸，以挤压—逆冲运动为主，走向335°~345°，它与色拉哈断裂呈左阶排列，通称磨西断裂。

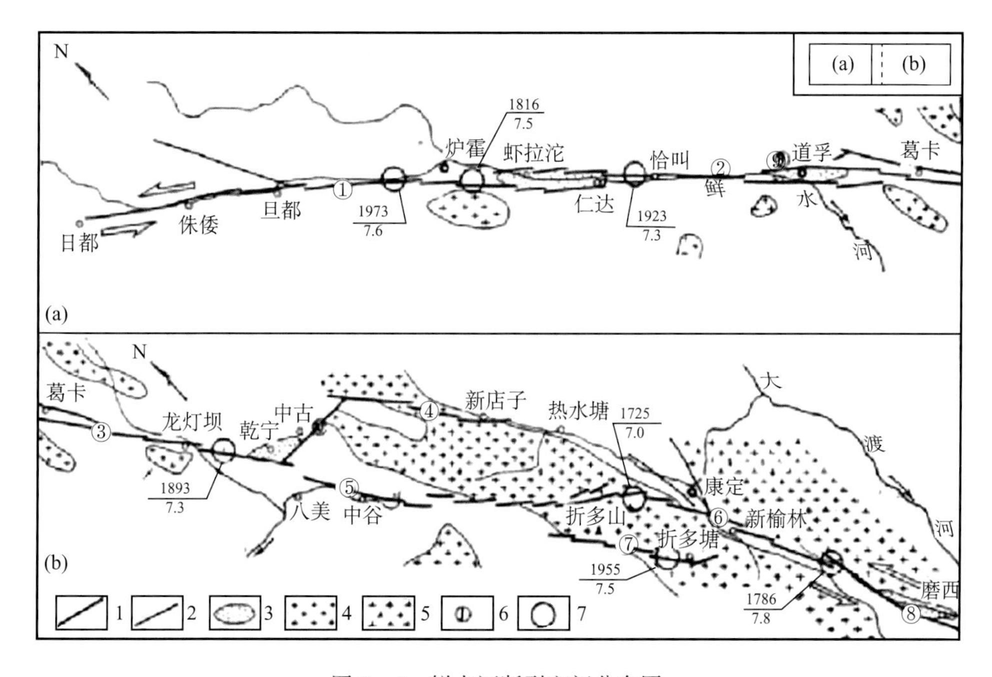

图3-4　鲜水河断裂空间分布图

1. 活动断裂；2. 前第四纪断裂；3. 第四纪盆地；4. 燕山晚期花岗岩；5. 澄江—晋宁期花岗岩；6. 断裂编号；7. 7级以上地震的震中位置和发震时间

①炉霍断裂，②道孚断裂，③乾宁断裂，④雅拉河断裂，⑤中谷断裂，⑥色拉哈—康定断裂，⑦折多塘断裂，⑧磨西断裂

3.4.2　龙门山断裂带[27]

龙门山断裂带位于青藏高原东缘的中部，是一条重要的逆冲断裂带，2008年5月12日汶川特大地震就发生在该断裂带上。它是活动强烈的青藏块体与活动较弱的川东块体之间的界线，总体走向N30°~50°E，倾向NW，倾角50°~70°，主断裂破碎带宽从不足10m到100多米，但三条断裂的整体宽度约30~40km，中间有多条次级断层所组成，延伸长度超过500km。龙门山断裂带形成于中生代，燕山期局部有重新复活的现象。新生代以来，印度板块与欧亚板块强烈碰撞而产生的强大推挤力，使其又发生大规模的逆掩推覆构造变形，龙门山继续抬升，山前强烈拗陷，并形成多级夷平面[27]。晚第四纪（晚更新世—全新世），龙

门山断裂带部分继续活动，活动性自北向南加强。2008 年 5 月 12 日汶川 8 级地震的发生，更是说明了龙门山断裂带在全新世活动较为强烈，是大地震发生区。

龙门山断裂带是一条巨大的复合型推覆构造带，由多条挤压逆冲断裂和多个推覆构造体组成，根据出露位置和形成时间顺序，这些逆冲断裂自西向东依次为后山断裂、中央断裂、前山断裂。后山断裂在地貌上处于龙门山的最高部位，占据了龙门山的主脊线，包括青川—平武、茂汶—汶川等断裂段，印支期以来为挤压逆冲性质，比中央、山前断裂形成要早，卫星影像清楚[27]，汶川地震中没有发生地表破裂；中央断裂位于后山与山前之间，包括北川—林庵寺和北川—映秀断裂段，在断裂两侧发育一系列与之平行的次级断层，剖面上呈叠瓦状，显示明显的压性特征，汶川地震时沿北川—映秀断裂形成了长约 240km 的地表破裂带；前山断裂位于四川盆地西侧龙门山山前，由马角坝、大川—天全等断裂构成，构成比较复杂，常呈断续左行雁列，压缩形变特征比较明显，沉积盆地被逆掩于断裂之下，汶川地震其中段形成了长约 70km 的地震地表破裂。

3.4.3　东昆仑断裂带

东昆仑活动断裂带地处青藏高原隆起的中部，是其内部的重要活动断裂带之一。它分割了同属二级活动地块的甘青构造单元和西藏构造单元。其形成有着悠久的历史，切割地壳较深，且规模宏伟。绵延千里的东昆仑断裂带由 6 条重要次级断裂带羽列组合而成。它们是库赛湖断裂、西大滩—秀沟断裂、秀沟—阿拉克湖断裂、阿拉克湖—托索湖断裂、托索湖—玛沁断裂、玛沁—玛曲断裂见图（图 3 - 5）[96]。各段的运动特征参数见表 3 - 1。

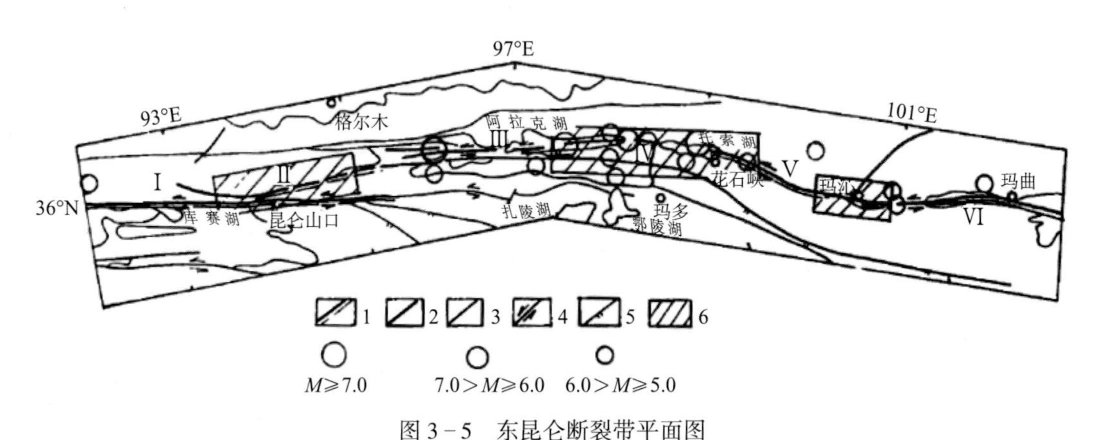

图 3 - 5　东昆仑断裂带平面图

1. 全新世活动断裂；2. 晚更新世活动断裂；3. 第四系活动断裂；
4. 走滑断裂；5. 逆断层；6. 未来强震危险区；Ⅰ ~ Ⅵ断裂分段编号

表 3-1　昆仑断裂带分段特征参数

段落				阶区（与西段断裂之间）			
名称	走向	长度（km）	型式	类型	名称	长宽尺度（km）	内部构造
库赛湖断裂	NW80°	>170					
东西大滩断裂	EW	200	左阶	拉张斜交	昆仑山口	重叠区 80~140	
秀沟断裂	NW80°	180	左阶	拉分盆地	秀沟盆地	64×12	NE 向断裂斜角贯通
阿拉克湖断裂	NW85°	120	左阶	拉分盆地	阿拉克湖	40×9	NE 向断裂斜角贯通
托索湖断裂	NW55°	150	左阶	拉分盆地	托索湖	50×8	NE 向断裂斜角贯通
玛沁—玛曲断裂	NW25°	200	右阶	挤压区	玛积雪山 6285m	20×6.7	

东昆仑断裂带总体走向北 280°~300°西，沿带有一条重力梯级带，两侧地壳厚度相差 710km。该断裂带多期活动显著，自中更新世以来进入以左旋走滑运动为主的时期，其上不同段的活动水平有一定差异，自西向东滑动速率逐渐递减，从西段的库赛湖断裂的 1314mm/a 到东段的花石峡断裂和下大武断裂降到 45mm/a，东端的玛沁断裂又增涨到 9mm/a，到全新世末达到 12.6mm/a；从中更新世末期到晚更新世末期玛曲断裂为低速走滑运动，在全新世中期走滑速率上增到 5.4mm/a。其东边的玛沁—玛曲和花石峡断裂带自晚更新世到全新世，尤其是玛沁断裂的滑动速率一直在增长[34]。

3.5　主要断裂上的历史地震统计

3.5.1　区域历史地震记录

在收集区域范围内历史地震和现代仪器记录资料的基础上，分析研究区域主要发震断层上的历史强震及现代微震活动状况和特点，估计未来地震活动趋势，为断层地震危险性分析提供依据。

工作区内用于分析地震活动特征的地震资料包括两部分。

第一部分是区域破坏性地震目录，系指有史以来 $M_S \geq 4.7$ 级的地震目录。这部分资料主要来源于国家地震局震害防御司 1995 年编的《中国历史强震目录》（公元前 23 世纪至公元 1911 年）、中国地震局震害防御司 1999 年编的《中国近代地震目录》（公元 1912 年至 1990 年 $M_S \geq 4.7$ 级）以及中国地震局地球物理研究所编的《中国地震年报》（1991 年至 2004 年）。2005 年以来的地震从中国地震局分析预报中心汇编的《中国地震详目》和中国地震台网中心地震目录中续补。对于 1900 年以前无仪器记录的地震，均由史料记载评定其震中烈度，再按震级-烈度关系换算出近似震级。这部分地震的震级范围为 $M_S \geq 4\frac{3}{4}$ 级；

1900 年以后凡有仪器记录的地震，其震级以仪器测定的为准，最小震级为 4.7 级。根据上述资料，我们绘制出区域范围内 4.7 级以上地震震中分布图 3 - 6。

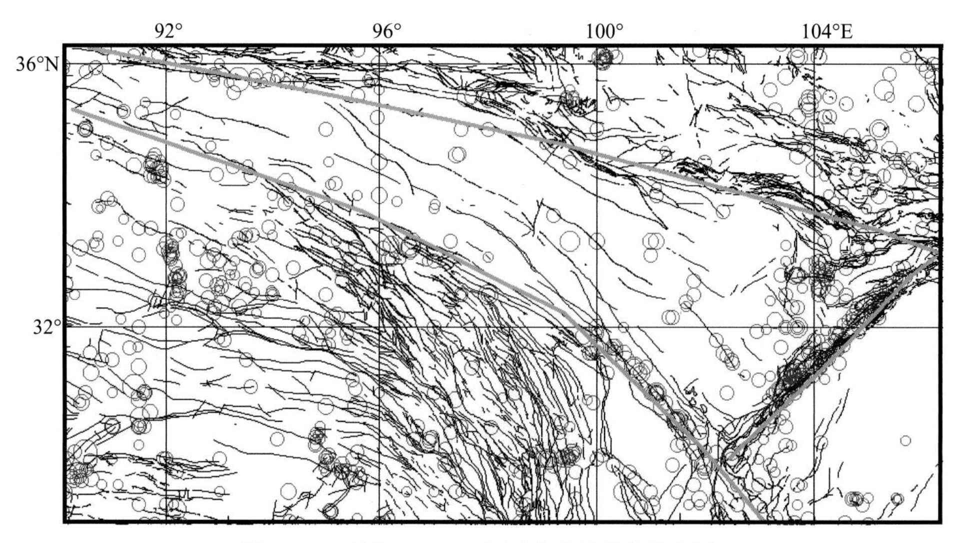

图 3 - 6　区域 M_S≥4.7 级历史地震震中分布图

第二部分为 1970 年以来的 2.0≤M≤4.6 级现代小震资料，共记载到 2.0~2.9 级地震 869 次，3.0~3.9 级地震 178 次，4.0~4.6 级地震 21 次。其中，1970 年 1 月至 2006 年 3 月 21 日的资料取自中国地震局分析预报中心汇编的《中国地震详目》，2006 年 3 月 21 日以后的地震从中国地震信息网续补。该目录中的地震参数是根据仪器记录得到的。根据上述资料，绘制出研究区域内相应的地震震中分布图 3 - 7。

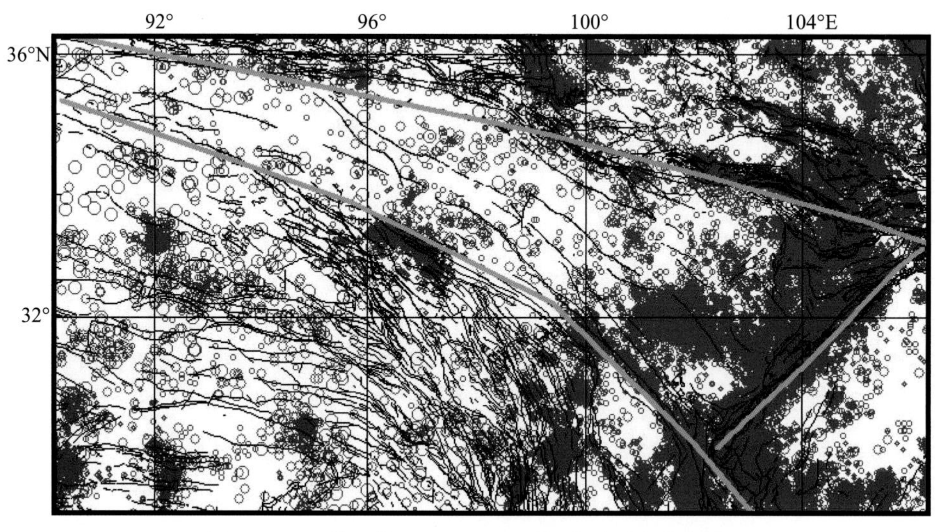

图 3 - 7　区域近代 2.0≤M≤4.6 级小震震中分布图

由于本书旨在研究断层的地震地表破裂永久位移，在上述地震资料的基础上，编制了研究区域内起主要影响的 $M_S \geq 7$ 级的强震目录，见表 3-2，绘制了相应的地震震中分布图，见图 3-8。

表 3-2　区域 $M_S \geq 7.0$ 级地震目录

序号	发震时间			震中位置（°）		震级	震源深度（km）	震中烈度	参考地点
	年	月	日	北纬	东经				
1	BC1930	—	—	35.4	103.9	7			
2	BC1860	—	—	33.7	104.5	7			
3	143	10	—	35.0	104.0	7		Ⅸ	甘肃甘谷西
4	734	03	23	34.5	105.9	7.5		≥Ⅸ	甘肃天水附近
5	1125	09	06	36.1	103.7	7		Ⅸ	甘肃兰州一带
6	1352	04	26	35.6	105.3	7			
7	1411	10	08	30.1	90.5	8		Ⅹ~Ⅺ	西藏当雄西南一带
8	1654	—	—	30.8	95.6	7		≥Ⅸ	西藏洛隆西北
9	1654	07	21	34.3	105.5	8		Ⅺ	甘肃天水南
10	1713	—	—	32.0	103.7	7			
11	1718	06	19	35.0	105.2	7.5		Ⅹ	甘肃通渭南
12	1725	08	01	30.0	101.9	7		Ⅸ	四川康定
13	1786	06	01	29.9	102.0	7.8		≥Ⅹ	四川康定南
14	1817	—	—	31.4	100.7	7.5			
15	1870	04	11	30.0	99.1	7.3		Ⅹ	四川巴塘
16	1879	07	01	33.2	104.7	8		Ⅶ	甘肃武都附近
17	1893	8	29	30.6	101.5	7		Ⅸ	四川道孚乾宁
18	1896	03	—	32.5	98.0	7		Ⅸ	四川石渠洛须
19	1904	08	30	31.0	101.1	7		Ⅸ	四川道孚
20	1916	1	—	29.2	92.2	7			
21	1923	3	24	31.3	100.8	7.3		Ⅹ	四川道孚
22	1933	8	25	32.0	103.7	7.5		Ⅹ	茂汶北迭溪
23	1937	1	07	35.5	97.6	7.5			阿兰湖东
24	1947	3	17	33.3	99.5	7.7		Ⅵ	达日南
25	1948	—	—	29.5	100.5	7.3			
26	1951	11	18	31.1	91.4	8		≥Ⅹ	当雄附近

续表

序号	发震时间			震中位置（°）		震级	震源深度（km）	震中烈度	参考地点
	年	月	日	北纬	东经				
27	1952	—	—	30.6	91.5	7.5			
28	1955	4	14	30.0	101.9	7.5		X	康定折多塘一带
29	1963	4	19	35.5	97.6	7		Ⅷ⁺	阿兰湖附近
30	1973	2	06	31.5	100.5	7.6	11	X	炉霍附近
31	1976	8	16	32.6	104.1	7.2	15	Ⅸ	松潘、平武间
32	1976	8	23	32.5	104.3	7.2	23	Ⅷ⁺	松潘、平武间
33	1990	4	26	36.1	100.1	7	9		共和西南
34	2001	11	14	35.8	93.4	8.1			昆仑山口
35	2008	5	12	31.0	103.4	8			汶川
36	2010	4	14	33.2	96.6	7.1	14		青海玉树
37	2013	4	20	30.3	103.0	7.0	17		四川芦山
38	2017	8	8	33.2	103.8	7.0	10		四川九寨沟
39	2021	5	22	34.6	98.4	7.4	17		青海玛多

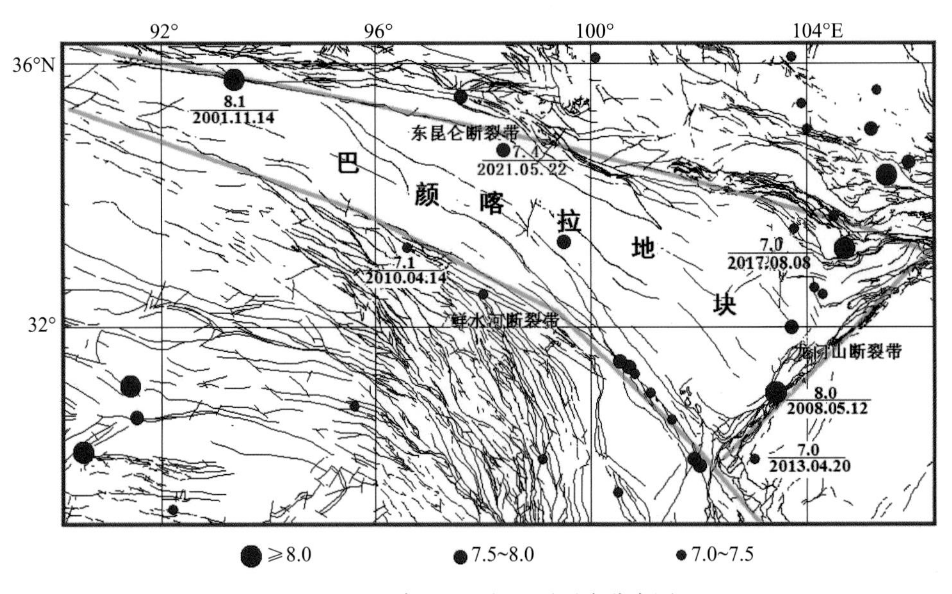

图 3－8　区域 $M_S \geq 7$ 级强震震中分布图

3.5.2　区域地震震中分布特征

由图 3－6 可以看出，$M_S \geq 4.7$ 级的地震在研究区域的三条主要断裂上都有大量分布，比较而言，鲜水河断裂带和龙门山断裂带上比较密集，尤其是鲜水河断裂带的东南方向上、龙门山断裂带中部及东北方向上地震分布尤为密集。而在两条断裂的交会处也是频发地震区域。从图 3－7 上看到，1970 年以来区域现代小震活动相对频繁。区域现代小震呈片状分布，总体条带状分布不明显，局部在沿龙门山断裂带存在一个北东小震密集区带。从图 3－8 上看，$M_S \geq 7$ 级的强震主要分布于三条断裂带沿线附近，东昆仑断裂带上相对少一些，鲜水河断裂带东南段、龙门山断裂带中段及东北段上分布较多。近 20 年来发生的 $M_S \geq 7$ 级地震分别是 2001 年 11 月 14 日发生在东昆仑断裂带上的 8.1 级昆仑山口西地震，2008 年 5 月 12 日发生在龙门山断裂带上的 8.0 级汶川地震和 2010 年 4 月 14 日发生在鲜水河断裂带上的 7.1 级青海玉树地震，2013 年 4 月 20 日发生在龙门山断裂带上的芦山 7.0 级地震，以及发生在三条主断裂带附近的 2017 年 8 月 8 日九寨沟 7.0 级地震和 2021 年 5 月 22 日青海玛多 7.4 级地震。

3.6　巴颜喀拉地块运动动力学模拟

3.6.1　模型的建立

本工作应用 Abaqus 软件，对巴颜喀拉块体及邻区构成的研究区域（图 3－2）建立断层—活动地块的二维模型，见图 3－9。区域内包括鲜水河断裂带、东昆仑断裂带和龙门山断裂带三条主要活动断裂带，鲜水河断裂带长度约为 1430km，东昆仑断裂带长度约为 1480km，龙门山断裂带长度约为 510km，分别对应于模型中的边界线 1、2、3。上述三条断裂带把研究区域分割为 4 个活动地块，分别对应于模型中的块体 a、b、c、d。根据 GPS 观

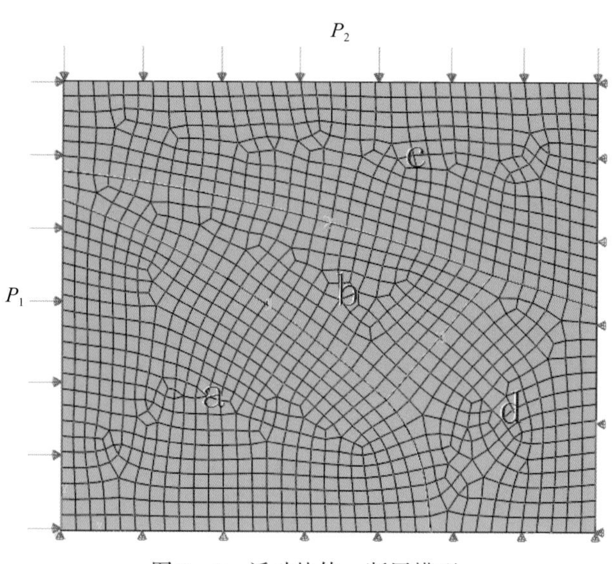

图 3－9　活动块体—断层模型

测数据得到的变形场，认为所模拟区域整体南东向运动明显，因此在模型的左边界和上边界分别加载大小为 8MPa 和 5MPa 的应力 P_1 和 P_2。在模型的右边界处用水平位移约束，下边界处用竖直位移约束。在模拟模型中的断层接触面时，定义断层左侧界面为主接触面，右侧界面为从属接触面。模型采用一阶平面应变非协调单元划分网格，并认为在接触面（断层）处存在有限位移（区别于小位移）。

3.6.2 参数确定

1. 岩石力学参数的确定

研究区域内的断层、岩性分布比较复杂，这与该地区强烈的地质构造活动有关。为了避免模型的复杂化，取每个块体中主要的岩石成分作为块体的岩石类型，各参数参考《岩石力学参数手册》（表 3 - 3）。

表 3 - 3　岩石力学参数及对应的模型区段

岩石类别	密度/（kg/m³）	弹性模量/GPa	泊松比	区段
石灰岩	2700	70	0.25	a
粉砂岩	2700	20	0.23	b、c
页岩	2700	30	0.15	d

2. 断层滑动摩擦系数的确定

模型中共有 4 个活动块体（a~d），其中 a、b 和 a、d 之间的断裂为鲜水河断裂带，b、d 之间的断裂为龙门山断裂带，b、c 和 d、c 之间是东昆仑断裂带。

大量研究表明，自然界中断层带的稳定性与断层两侧岩体界面摩擦滑动的稳定性有关[129]，在岩石摩擦实验中沿摩擦界面的粘滑过程与断层破裂的过程相类似。早在 1966 年，Brace[116]在岩石摩擦实验中发现了岩石界面间的周期性粘滑现象，并认为这可能与自然界中周期性地震有关。直到 20 世纪 70、80 年代，Dieterich[118,119]和 Ruina[144]提出的速率和状态相关的摩擦本构关系（简称为 RSF 本构关系）较好地解释了这种滑动过程，其表达式如下：

$$\tau=\mu\sigma \tag{3-1a}$$

$$\mu=\mu_0+a\ln(V/V_0)+b\ln(\theta/\theta_0) \tag{3-1b}$$

或

$$\mu=\mu_0+a\ln(V/V_0)+b\ln(V\theta/D_c) \tag{3-1c}$$

式中，μ_0、θ_0分别是在参考状态 V_0 下的摩擦系数和状态变量；σ 为正应力。模型参数 a、b 分别表示速率的直接响应和进化响应强弱。直接响应是指摩擦力 τ 随着滑动速率 V 阶跃而产生跳跃。进化响应是指摩擦力τ从一个稳态值到下一个稳态值的滞后过程。$(a-b)$ 的值判别岩石稳定性的依据准则。当 $(a-b)>0$ 时，系统表现出速度强化行为，即摩擦系数随滑动速率增大而增大，微小扰动不会导致系统产生不稳定滑动；当 $(a-b)<0$ 时，系统表现出速度弱化行为，即摩擦系数随滑动速率增大而减小，微小扰动才有可能导致系统不稳定滑动的产生，并且只有当系统刚度降到临界刚度以下时，对滑动速度的扰动会导致周期性的黏滑[67]。

在正压力 σ 恒定情况下，*RSF* 本构关系反映了以下摩擦滑动特征[67]：

（1）摩擦力 τ（或摩擦系数μ）对滑动速率 V 的变化的直接响应是一个瞬态过程，与速率的对数 $\ln V$ 成正比；滑动速率从 V_1 跳跃到 V_2 时，摩擦力 τ 从 V_1 对应的稳态摩擦力 τ_1 过渡到 V_2 对应的稳态摩擦力 τ_2 是一个滞后、连续的变化过程。

（2）状态变量 θ 随滑动位移（或时间）演化，在速度突变时并不会突然变化。目前根据描述状态变量 θ 的过渡演化过程不同，*RSF* 本构关系分为 2 种，分别称为慢度本构关系和滑动本构关系。图 3-10 为这两种情况下，摩擦系数和滑动速率随滑动距离的变化。

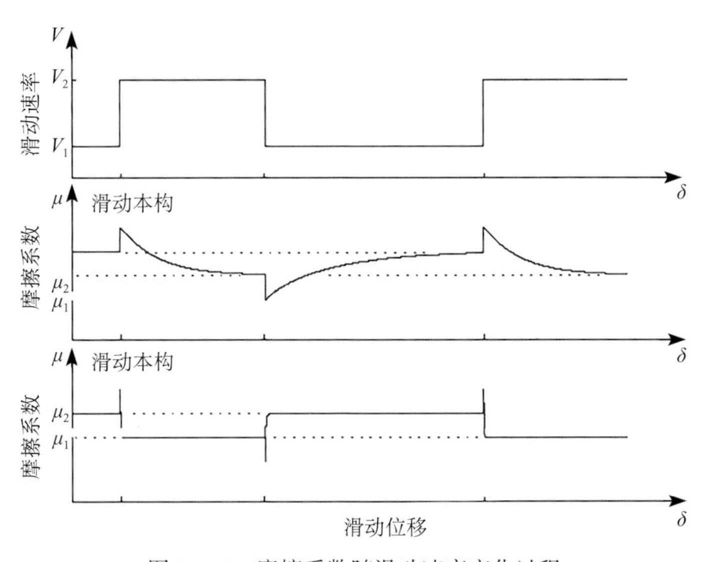

图 3-10　摩擦系数随滑动速率变化过程

现将摩擦系数与速率和状态的关系应用到断层的滑动中。断层上发生地震时，断层出现不稳定滑动，此时摩擦系数与滑动速率是负相关关系。在大震发生前，滑移速率处于一个比较稳定的状态，地震发生时，滑移速率急剧增大，达到这个阶段的最高点，之后又很快逐渐下降到又一个平稳阶段，直到下一次地震的发生，再重复这个过程。断层上的摩擦系数随着地震发生时速率的增大而减小，之后处于稳定的状态，直到下次地震发生时突然增大。本章根据摩擦系数在大震前后的差异，来模拟昆仑山口西地震前、昆仑山口西地震后汶川地震之前、汶川地震之后玉树地震之前、玉树地震之后芦山地震之前及芦山地震之后这五个时间段的断层—地块运动。各断层的摩擦系数在各个时期的取值见表 3-4。

表 3-4 各断层在不同阶段的摩擦系数

断层	昆仑山口西地震前	昆仑山口西地震后汶川地震之前	汶川地震之后玉树地震之前	玉树地震之后芦山地震之前	芦山地震之后
ab、ad	0.6	0.6	0.6	0.3	0.5
bc、dc	0.8	0.5	0.5	0.5	0.7
bd	0.7	0.7	0.4	0.4	0.1

3.6.3 计算结果分析

通过模拟计算得到昆仑山口西地震前、昆仑山口西地震后汶川地震前、汶川地震后玉树地震前、玉树地震后芦山地震前、芦山地震后五个阶段研究区域的应力、应变、位移及形变状态。

其中，图 3-11a~e 分别为昆仑山口西地震前、昆仑山口西地震后汶川地震前、汶川地震后玉树地震前、玉树地震后芦山地震前、芦山地震后五个阶段的形变矢量图，由这五个阶段的位移矢量图，可以看出研究区域整体运动趋势是向南东方向运动，各活动地块整体顺时针旋转，这与构造应力场和 GPS 观测结果是一致的。

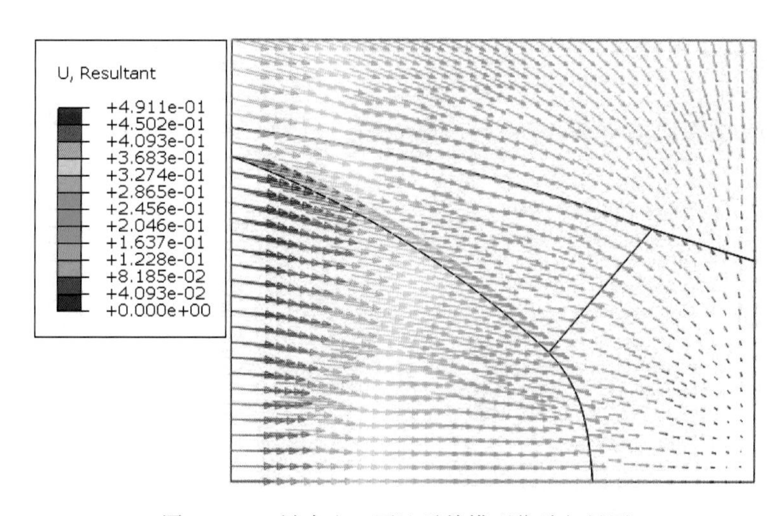

图 3-11a 昆仑山口西地震前模型位移矢量图

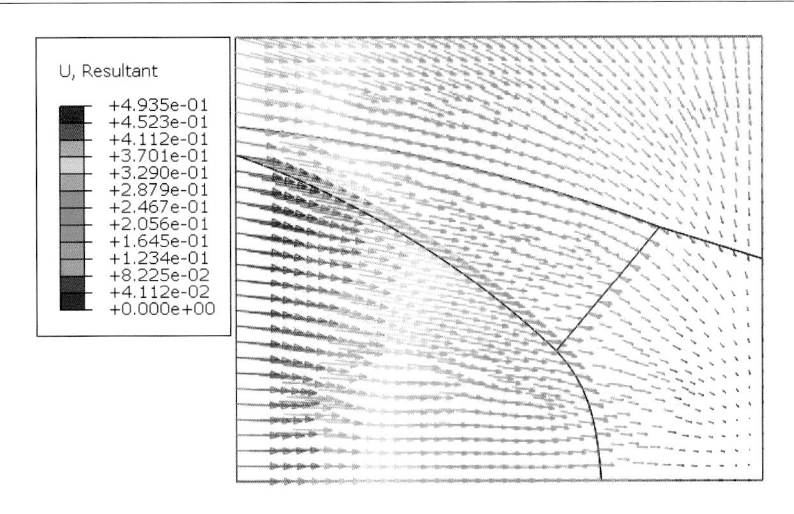

图3-11b　昆仑山口西地震后汶川地震前模型位移矢量图

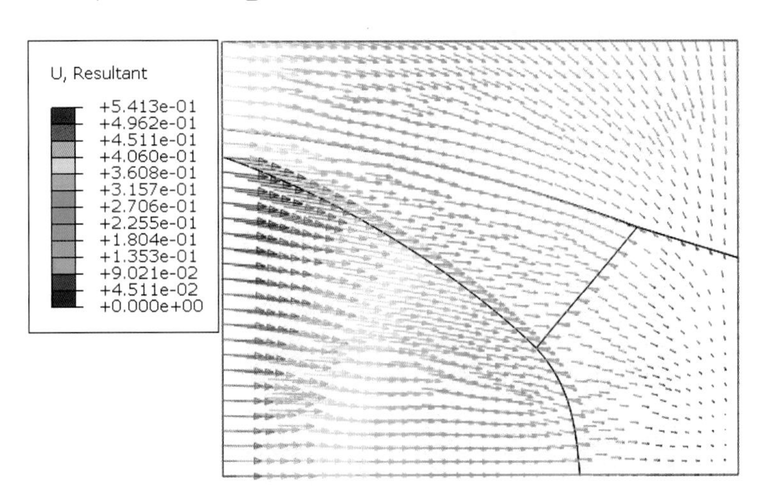

图3-11c　汶川地震后玉树地震前模型位移矢量图

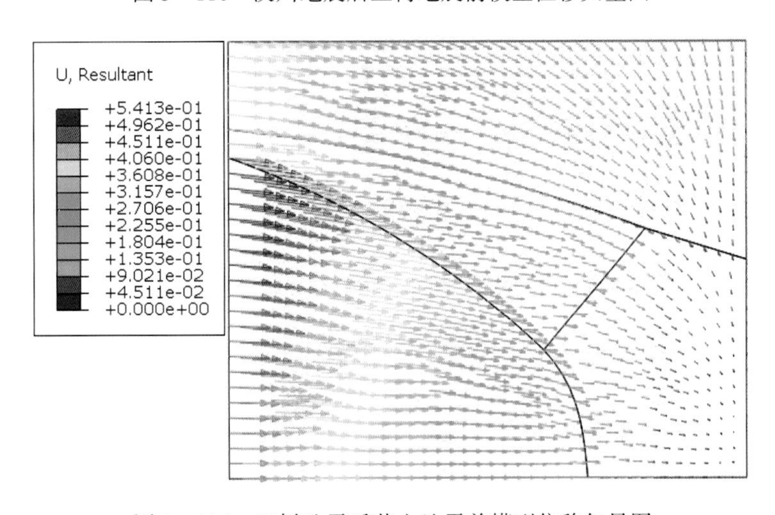

图3-11d　玉树地震后芦山地震前模型位移矢量图

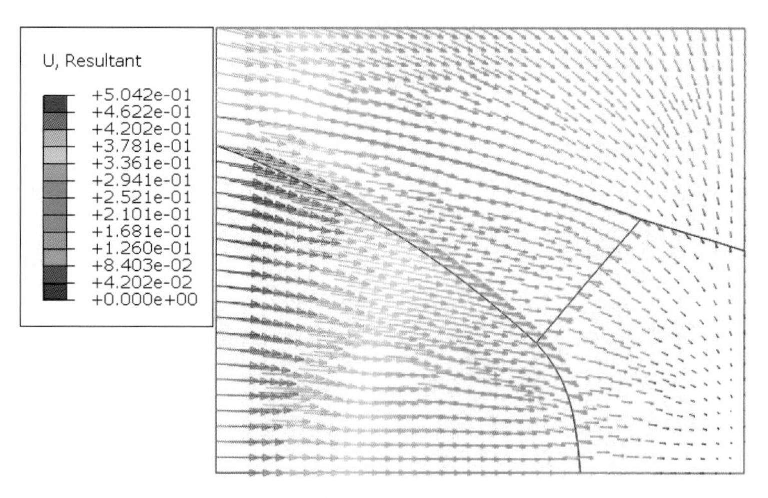

图 3-11e　芦山地震后模型位移矢量图

图 3-12a~e 分别为五个时期变形前后对比图（红色边框为初始状态，绿色实体及网格为变形后状态），此处为了更直观地比较变形前后，我们放大了一定比例，可以清晰地看出变形前后的状态变化。由图可看出，模型左边界变形后三个地块出现参差不齐，沿断层两侧有相对运动，两侧变形不一致，断层线明显有移动。

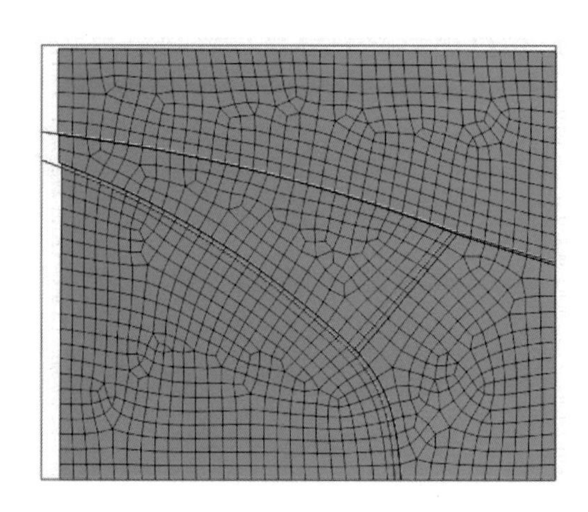

图 3-12a　昆仑山口西地震前模型形变前后对比图

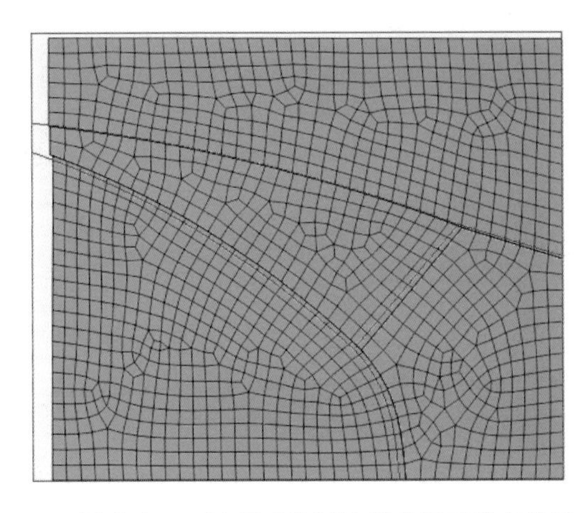

图 3 - 12b　昆仑山口西地震后汶川地震前模型形变前后对比图

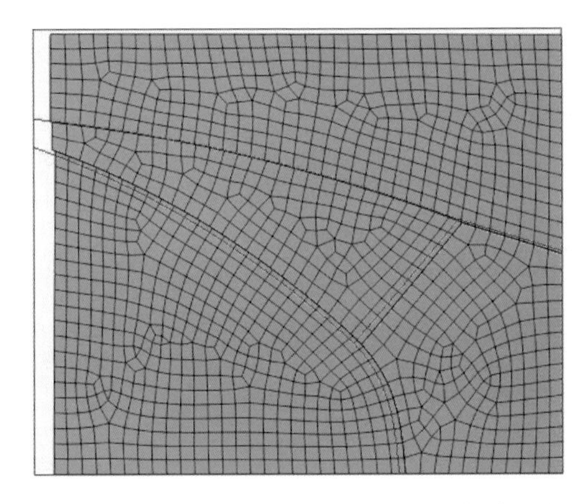

图 3 - 12c　汶川地震后玉树地震前模型形变前后对比图

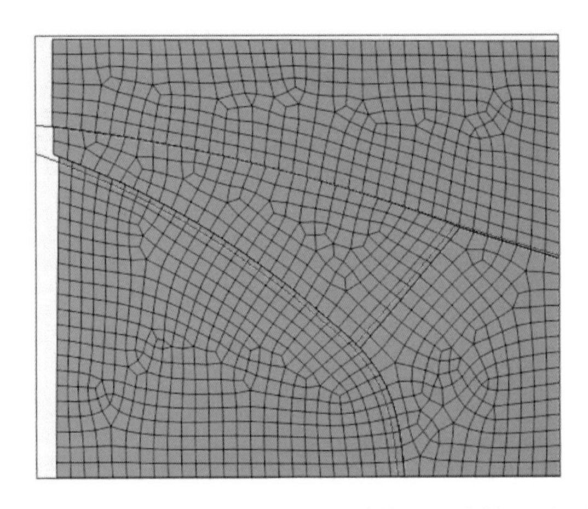

图 3 - 12d　玉树地震后芦山地震前模型形变前后对比图

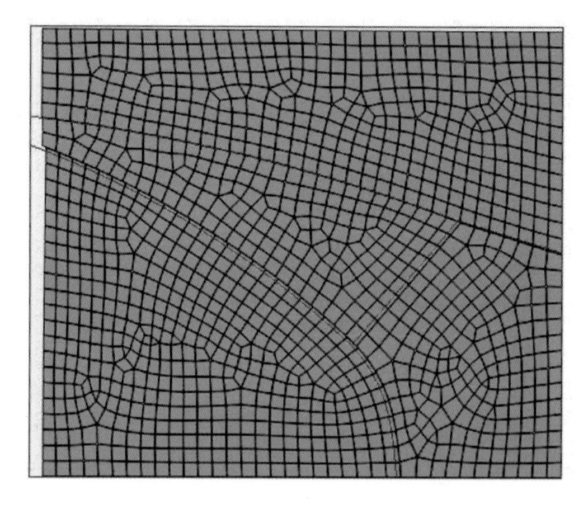

图 3 - 12e　芦山地震后模型形变前后对比图

图 3 - 13a～e 分别为五个时期的 Mises 应力云图，由图 3 - 13a 可以看到，*E*、*F*、*G*、*H* 处应力比较大，*F*、*E* 处于右边界和下边界上不同活动地块的交会处，该处出现大应力可能由右边界和下边界初始状态加以约束造成。而 *G* 位于 a、b、d 三个活动地块的交会处，*H* 是 b、c、d 三个活动地块的交会处，一般情况活动地块交会处应力应变都比较大，另外，考虑到模型设定主接触面和从属接触面的不同也会造成交会处应力状态不同，所以此处讨论时，不考虑 *E*、*F*、*G*、*H* 附近的状态，重点考虑地块 a 和 b、b 和 c、b 和 d 三个交界面上的应力应变状态。

由昆仑山口西地震前的 Mises 应力云图（图 3 - 13a），看到断层上 *I*、*J*、*K*、*L* 处应力最大，且断层两处 Mises 应力不均匀，由于 *I*、*J*、*L* 都处于活动地块交会处附近，可能会受这个因素影响出现应力偏大且不均匀现象。由此可初步判断昆仑山口地震前 *K* 点附近可能为易发生破坏地段。该地段位于东昆仑活动断裂上，与之后发生的昆仑山口西地震的位置比较吻合。

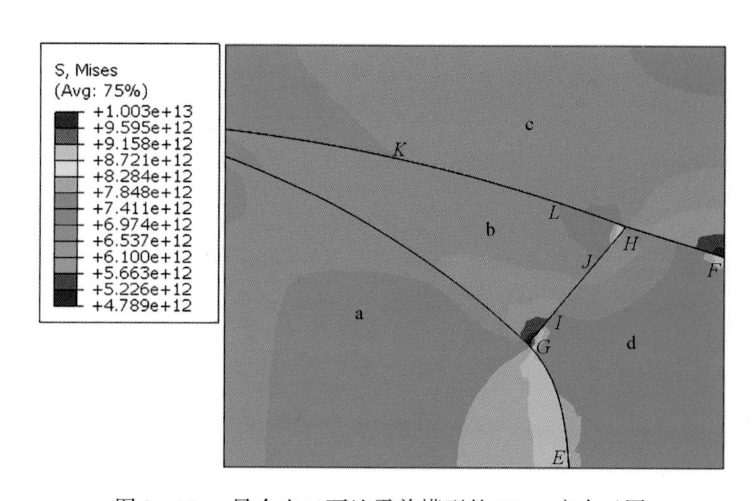

图 3 - 13a　昆仑山口西地震前模型的 Mises 应力云图

由昆仑山口西地震后汶川地震前的 Mises 应力云图（图 3-13b）看出，在昆仑山口西地震发生后活动地块 b 和 c 交界即东昆仑断裂带上的 Mises 应力整体减小，在 K、M、N、O 处 Mises 应力较大，且应力变化明显，K、M、O 处 Mises 应力差大概为 0.5MPa，而 N 处的 Mises 应力差为 1MPa。由此，在昆仑山口西地震后汶川地震前，相对来说，N 处附近岩石更易破坏，N 位于龙门山断裂带西南段，与汶川地震发生的位置比较接近。

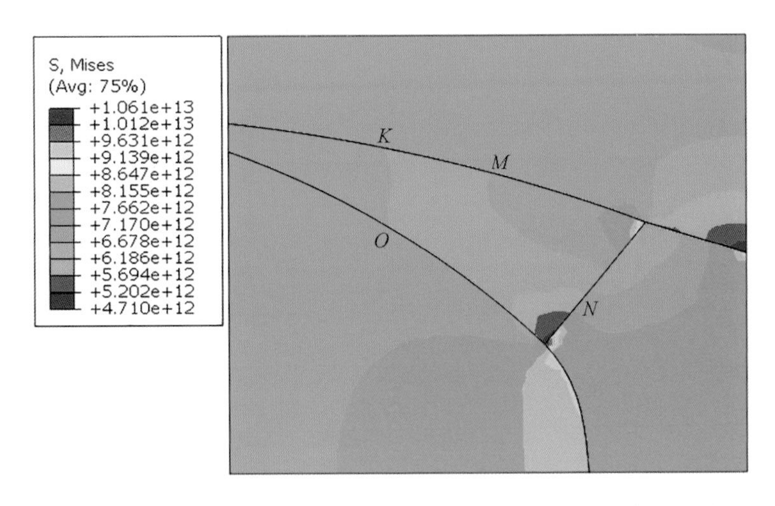

图 3-13b　昆仑山口西地震后汶川地震前模型的 Mises 应力云图

由汶川地震后玉树地震前模型的 Mises 应力云图（图 3-13c）看出，龙门山断裂带上 Mises 应力值没有明显减小，但在 N 处即汶川地震发生的附近 Mises 应力差有所下降，这个阶段又出现了 O 点附近 Mises 应力较大且不均匀分布，此地段位于鲜水河断裂带上，与玉树地震的位置大体一致。

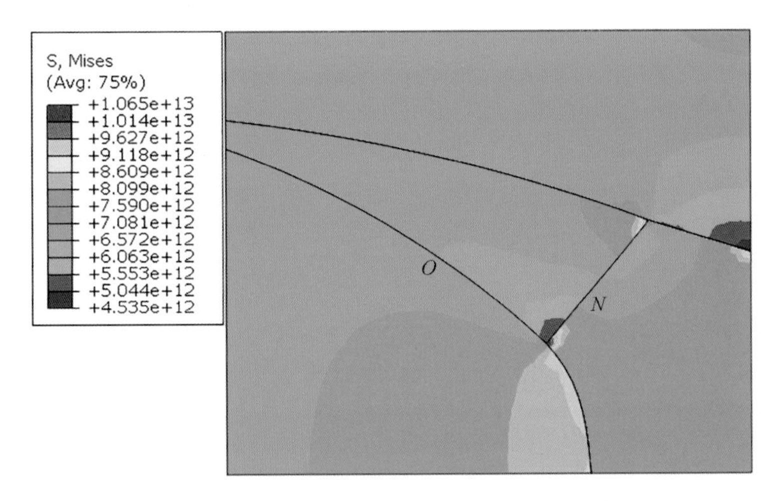

图 3-13c　汶川地震后玉树地震前模型的 Mises 应力云图

由玉树地震后芦山地震前模型的 Mises 应力云图（图 3 - 13d）看出，*KM* 段、*N*、*P*、*O* 附近均出现 Mises 应力分布不均匀，而且 *N*、*P*、*O* 附近 Mises 应力较大，由图可知 *N*、*P*、*O* 附近的 Mises 应力差分别为 2.1、1.1、1.1Mpa，相对来说，*N* 点附近岩石更易破坏，该处与雅安芦山地震发生的位置比较一致。

由图 3-13a～d 显示的应力状态变化，可以大致看出在每次大震发生前，其震中位置附近地段的 Mises 应力相对较大且分布不均匀。基于此联系，来看芦山地震发生后模型的 Mises 应力云图（图 3 - 13e），可以看到活动地块 a 和 b 界面上 *OH* 段附近、活动地块 b 和 d 界面的 *N*、*P* 附近 Mises 应力最大且变化比较明显，其次是活动地块 b 和 c 的界面上 *K*、*M* 附近。对应地质图，*OH* 段对应于鲜水河断裂的西北段到玉树一带，*N*、*P* 分别位于龙门山断裂带的西南段和东北段。初步推测在研究区域内未来可能易发生大震的敏感地段为鲜水河断裂带的甘孜—道孚段、龙门山断裂带的西南段和东北段。

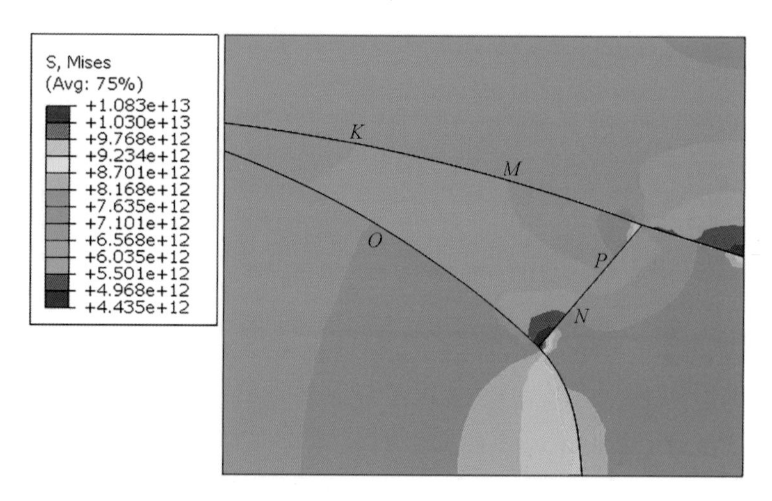

图 3 - 13d　玉树地震后芦山地震前模型的 Mises 应力云图

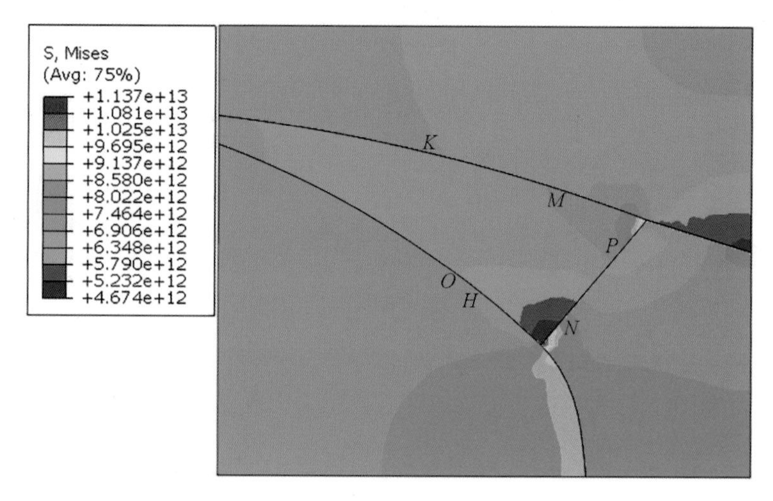

图 3 - 13e　芦山地震后模型的 Mises 应力云图

对模型的应变云图和位移云图也作了分析比较，得到的结论与应力状态分析结果基本一致。

另外，列出了昆仑山口西地震前、昆仑山口西地震后汶川地震前、汶川地震后玉树地震前、玉树地震后研究区域的最大主应力云图（图3－14）、最大主应变云图（图3－15）、横向应力云图（图3－16）、竖向应力云图（图3－17）、剪应力云图（图3－18）、横向应变云图（图3－19）、竖向应变云图（图3－20）、剪应变云图（图3－21）、位移云图（图3－22）、横向位移云图（图3－23）、竖向位移云图（图3－24）。

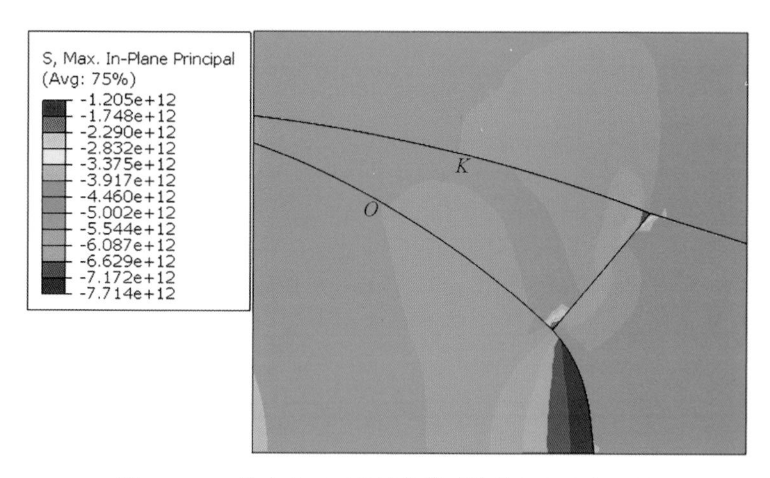

图3－14a　昆仑山口西地震前模型的最大主应力云图

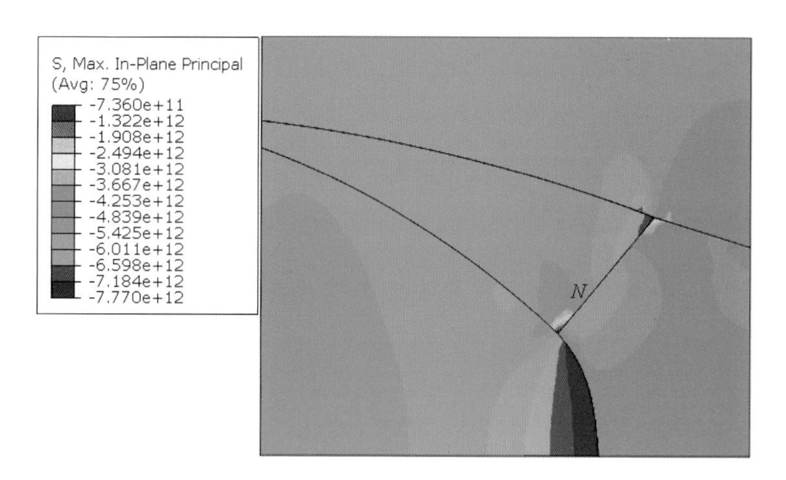

图3－14b　昆仑山口西地震后汶川地震前模型的最大主应力云图

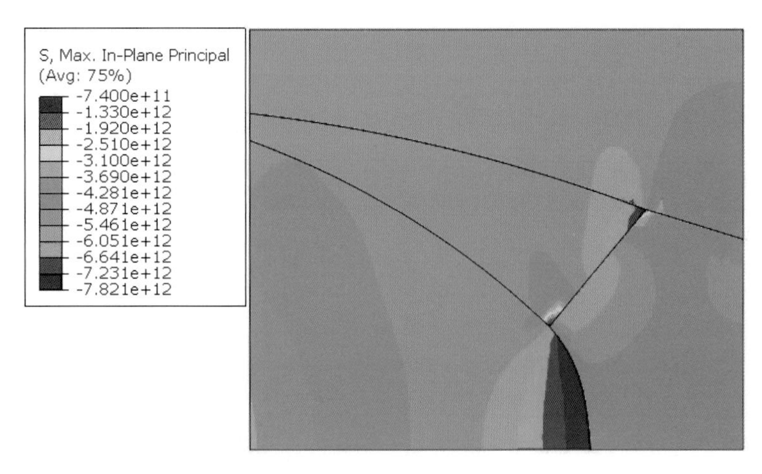

图 3 - 14c　汶川地震后玉树地震前模型的最大主应力云图

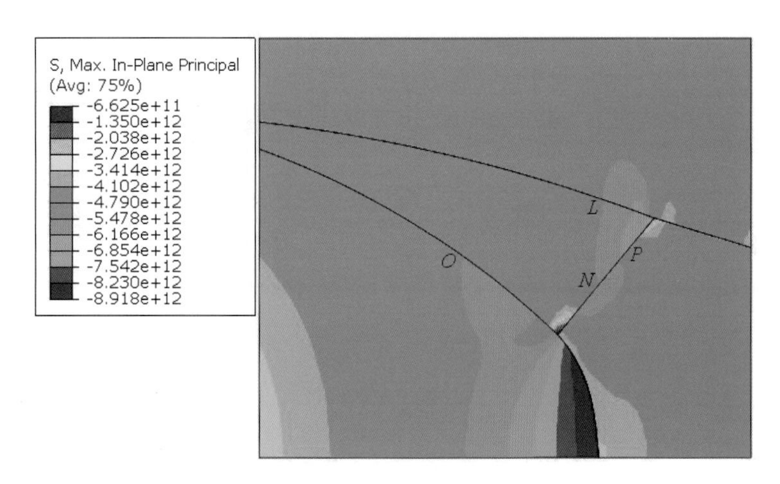

图 3 - 14d　玉树地震后模型的最大主应力云图

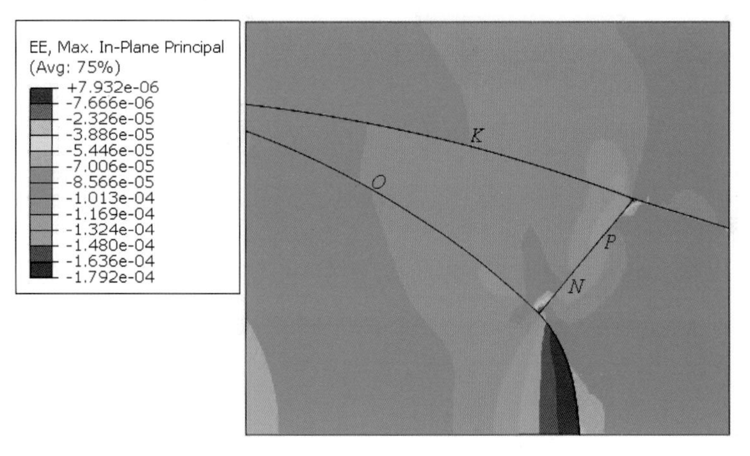

图 3 - 15a　昆仑山口西地震前模型的最大主应变云图

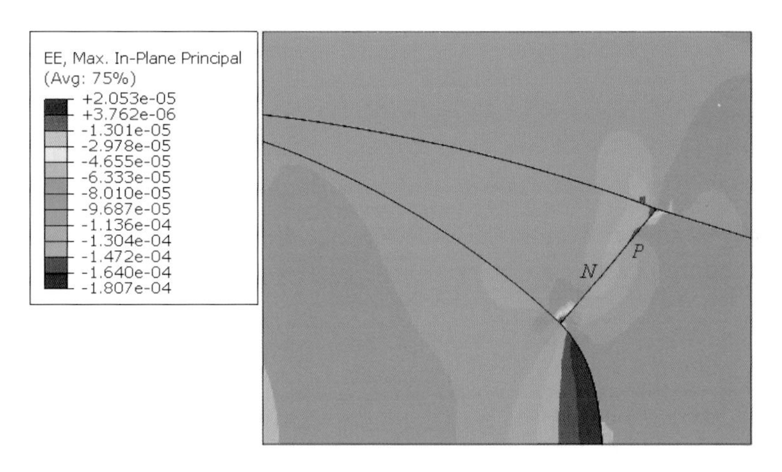

图 3-15b　昆仑山口西地震后汶川地震前模型的最大主应变云图

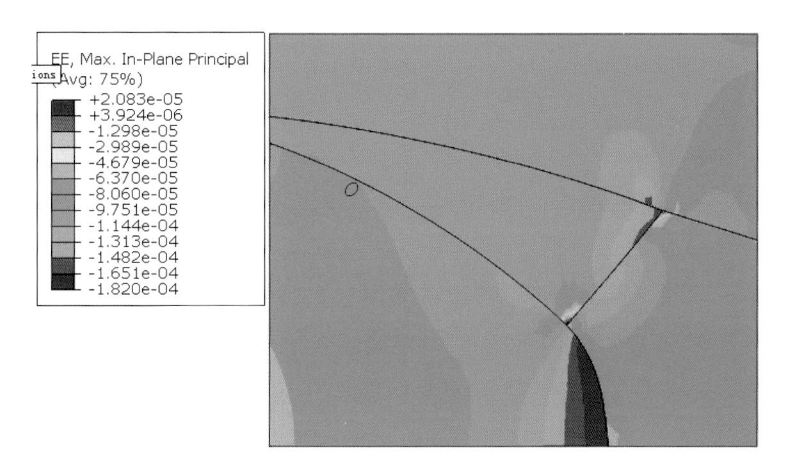

图 3-15c　汶川地震后玉树地震前模型的最大主应变云图

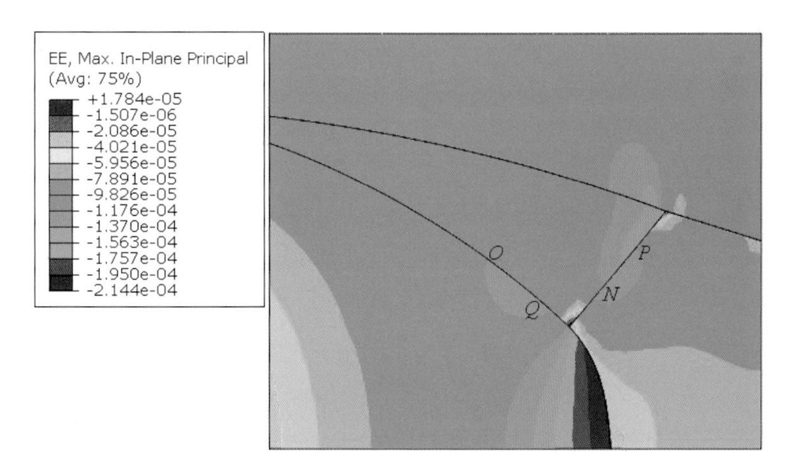

图 3-15d　玉树地震后模型的最大主应变云图

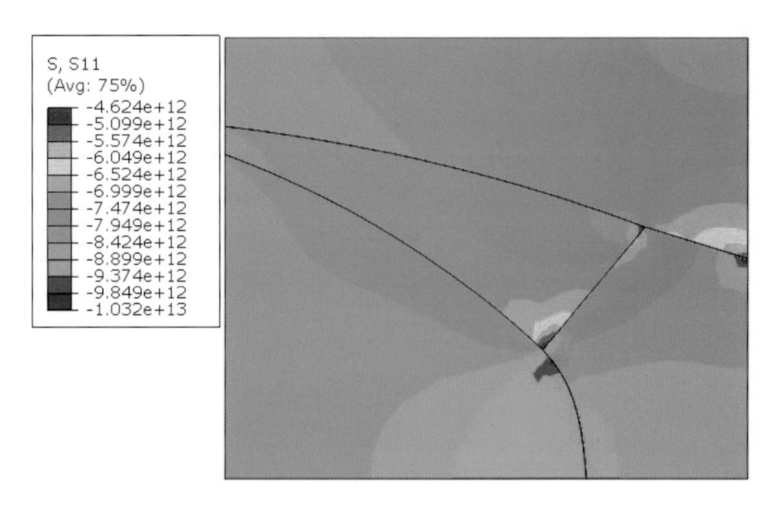

图 3－16a　昆仑山口西地震前模型的横向应力云图

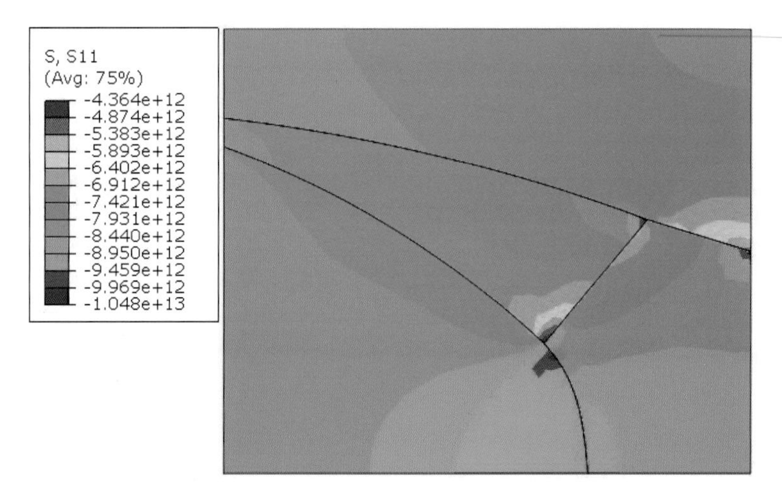

图 3－16b　昆仑山口西地震后汶川地震前模型的横向应力云图

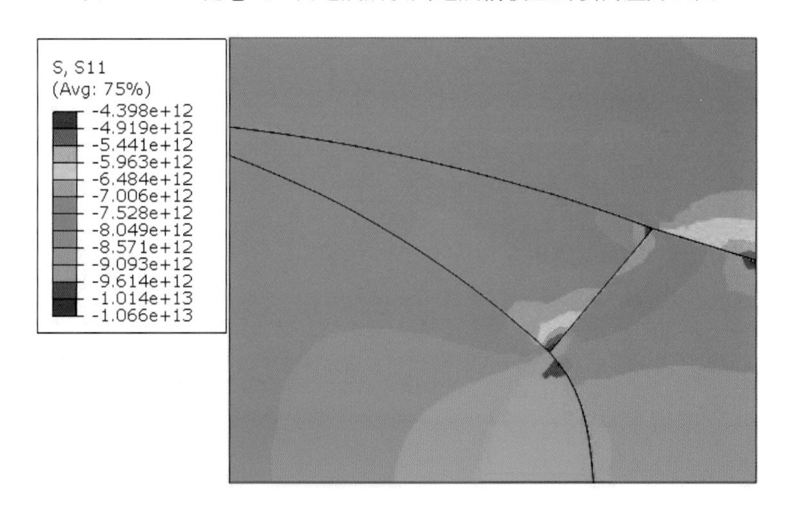

图 3－16c　汶川地震后玉树地震前模型的横向应力云图

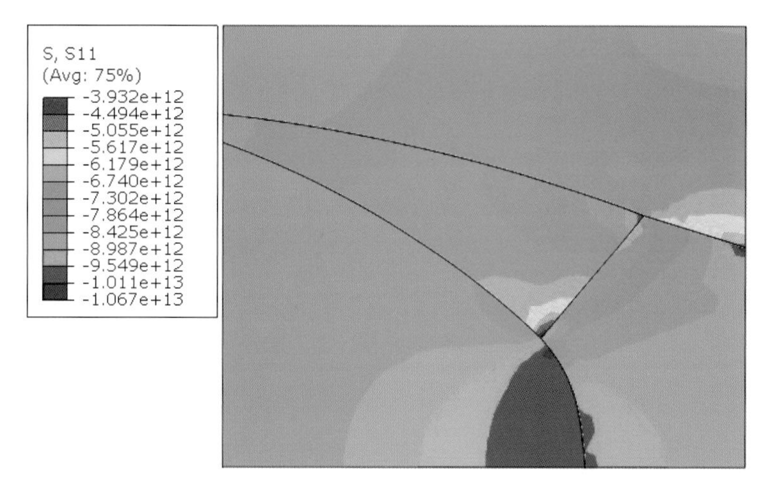

图 3-16d　玉树地震后模型的横向应力云图

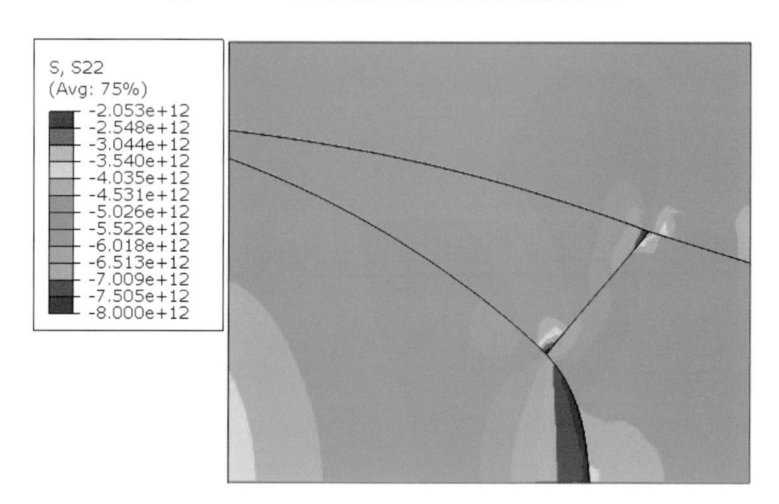

图 3-17a　昆仑山口西地震前模型的竖向应力云图

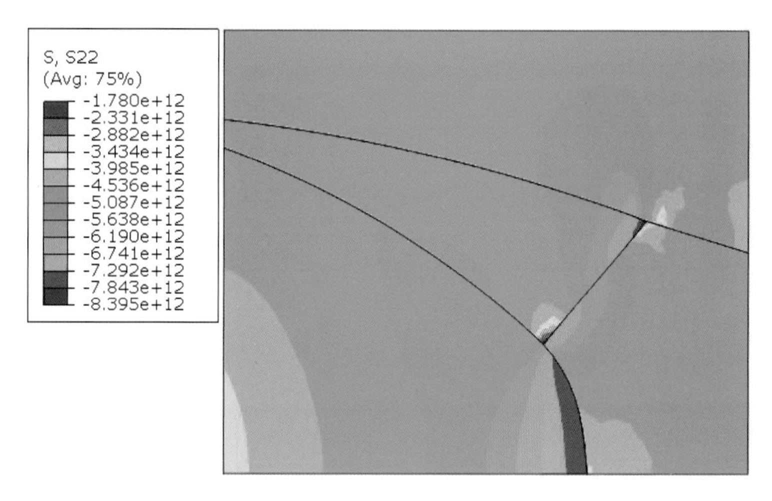

图 3-17b　昆仑山口西地震后汶川地震前模型的竖向应力云图

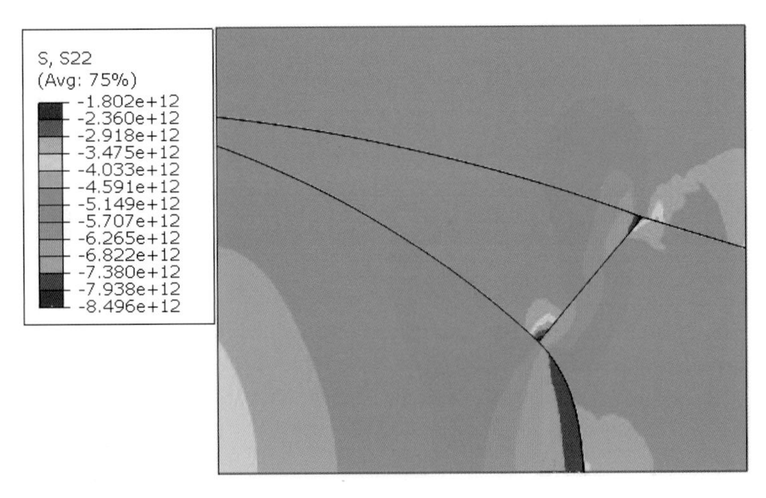

图 3－17c　汶川地震后玉树地震前模型的竖向应力云图

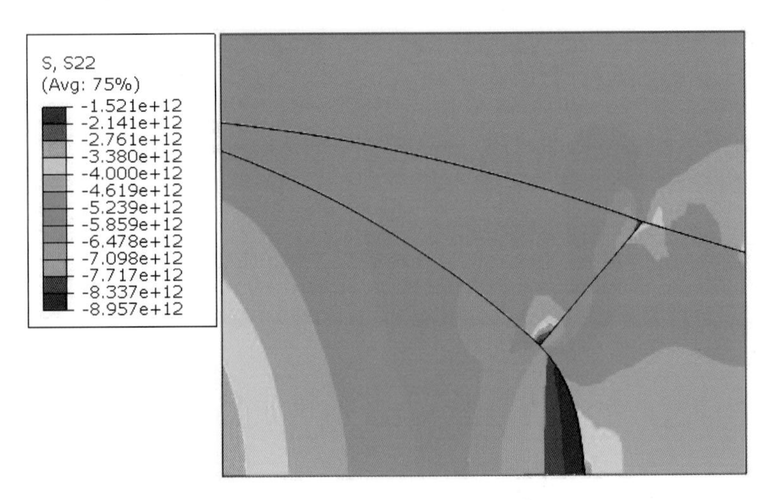

图 3－17d　玉树地震后模型的竖向应力云图

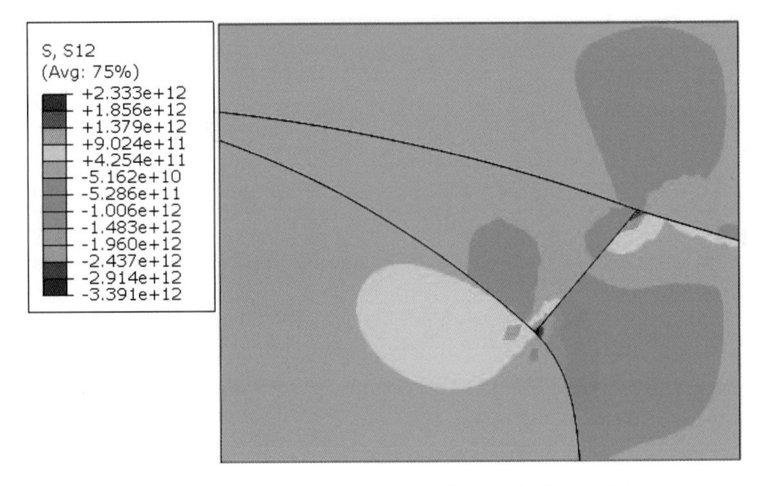

图 3－18a　昆仑山口西地震前模型的剪应力云图

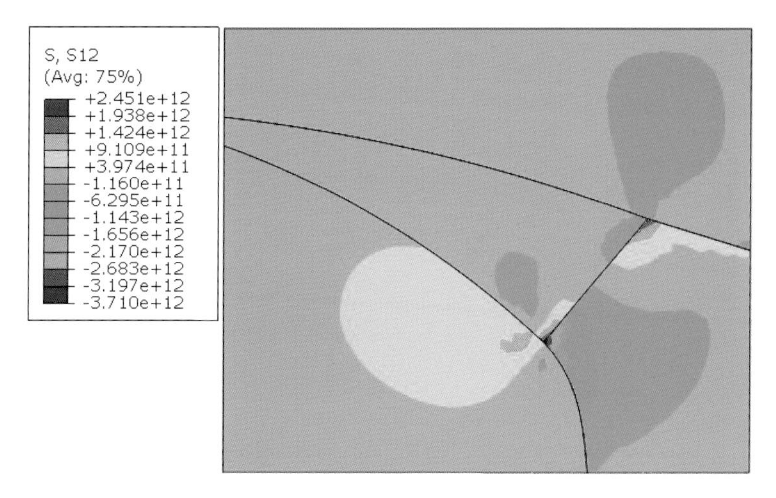

图 3－18b　昆仑山口西地震后汶川地震前模型的剪应力云图

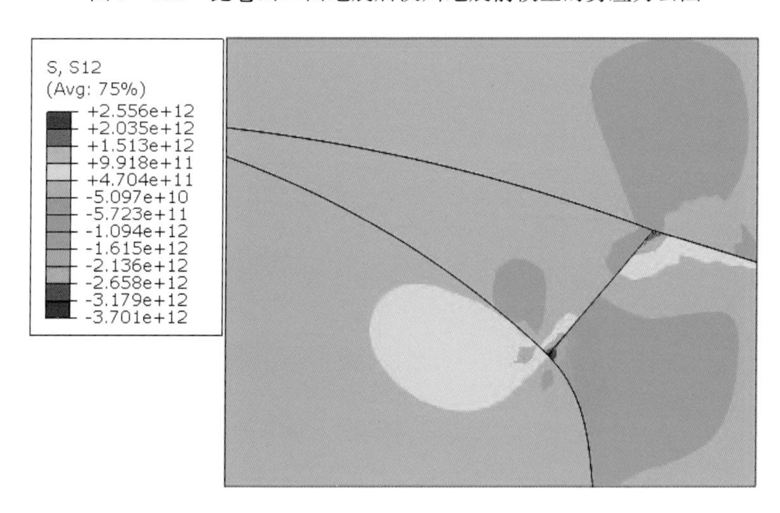

图 3－18c　汶川地震后玉树地震前模型的剪应力云图

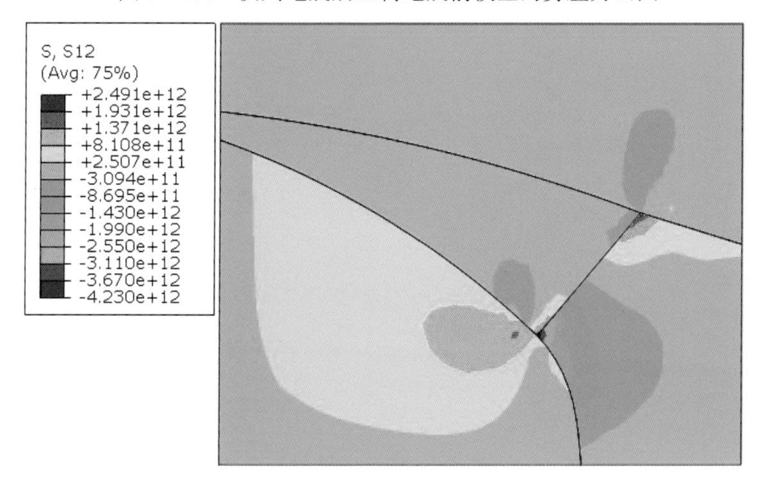

图 3－18d　玉树地震后模型的剪应力云图后

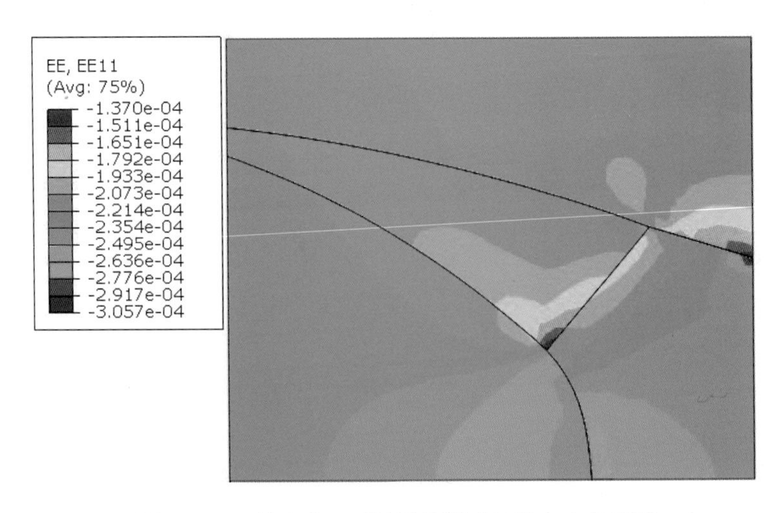

图 3－19a　昆仑山口西地震前模型的横向应变云图

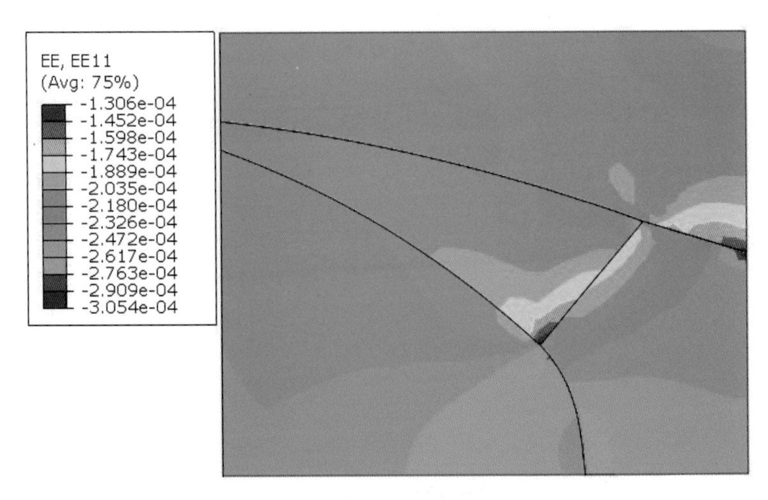

图 3－19b　昆仑山口西地震后汶川地震前模型的横向应变云图

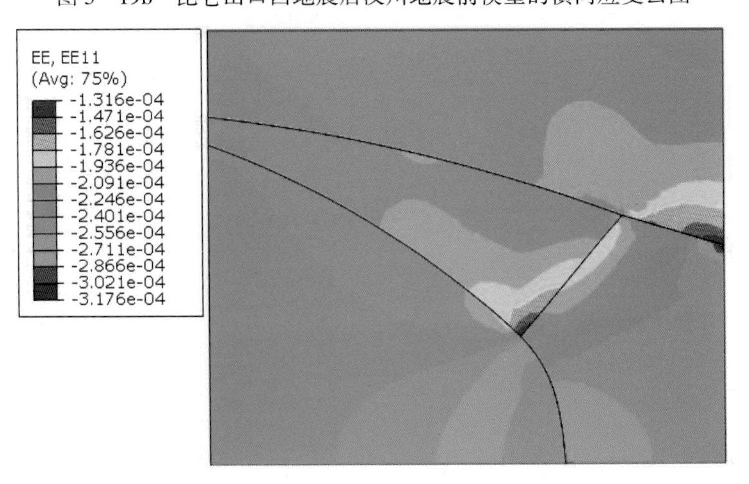

图 3－19c　汶川地震后玉树地震前模型的横向应变云图

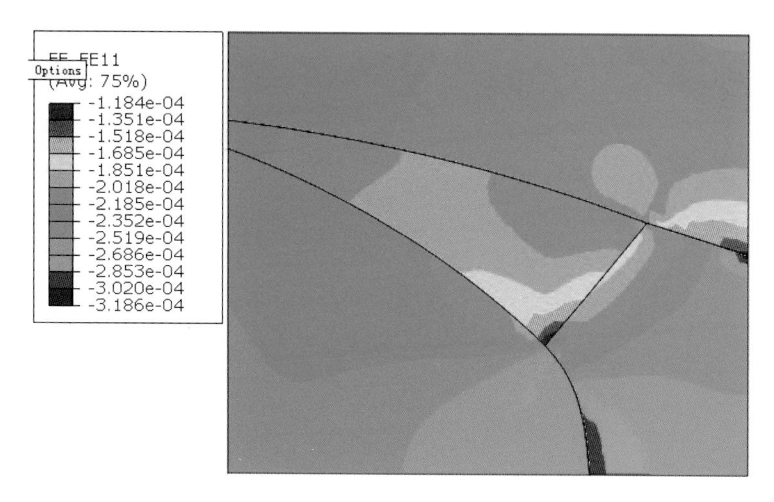

图 3 - 19d 玉树地震后模型的横向应变云图

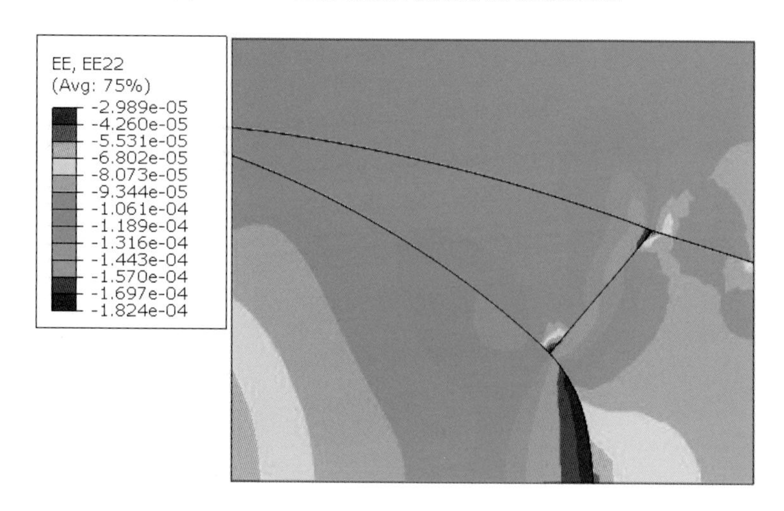

图 3 - 20a 昆仑山口西地震前模型的竖向应变云图

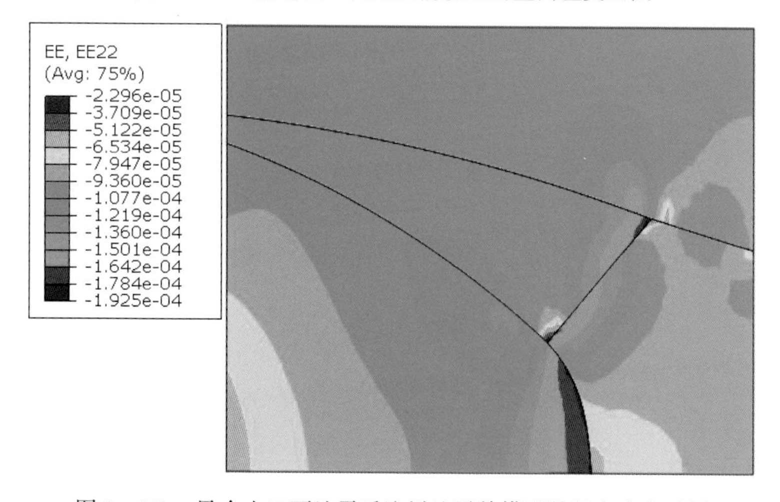

图 3 - 20b 昆仑山口西地震后汶川地震前模型的竖向应变云图

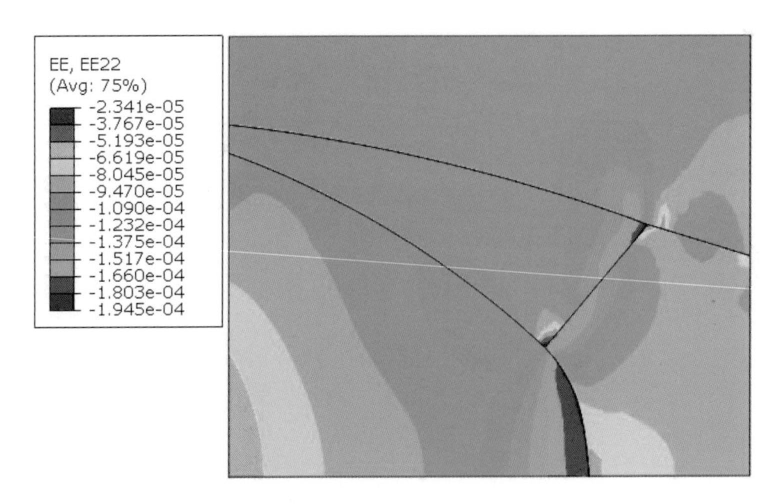

图 3－20c　汶川地震后玉树地震前模型的竖向应变云图

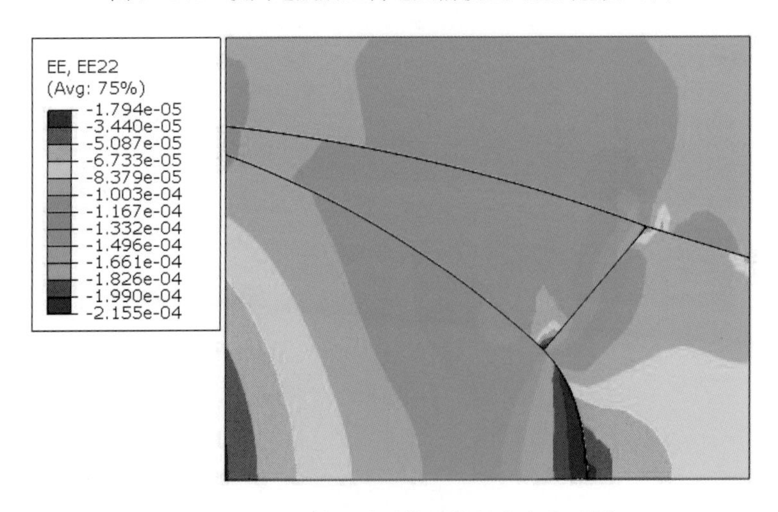

图 3－20d　玉树地震后模型的竖向应变云图

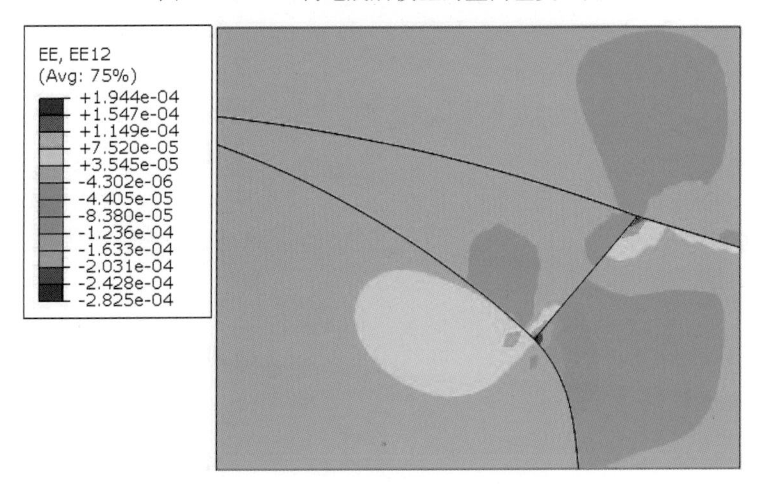

图 3－21a　昆仑山口西地震前模型的剪应变云图

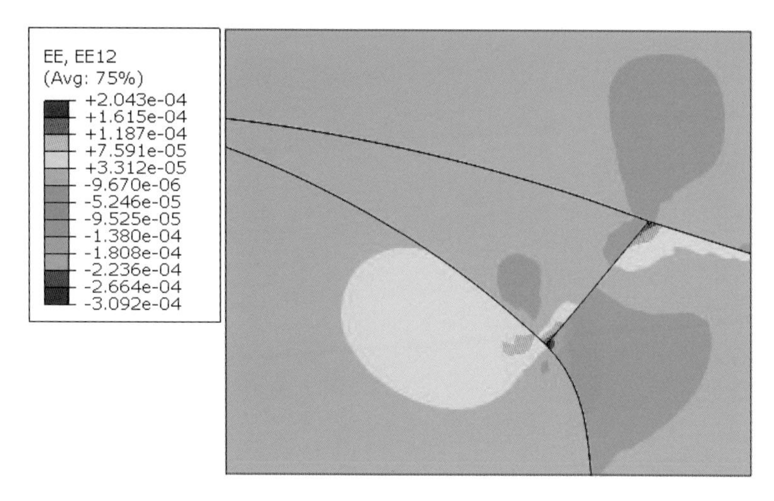

图 3－21b　昆仑山口西地震后汶川地震前模型的剪应变云图

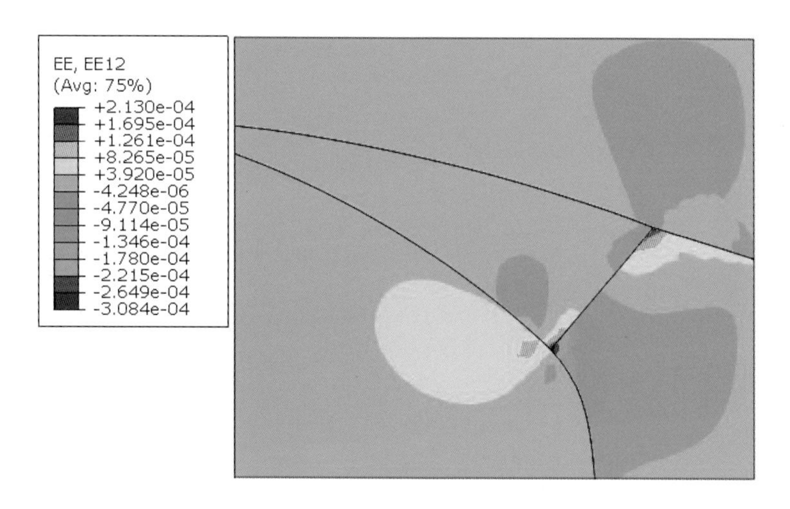

图 3－21c　汶川地震后玉树地震前模型的剪应变云图

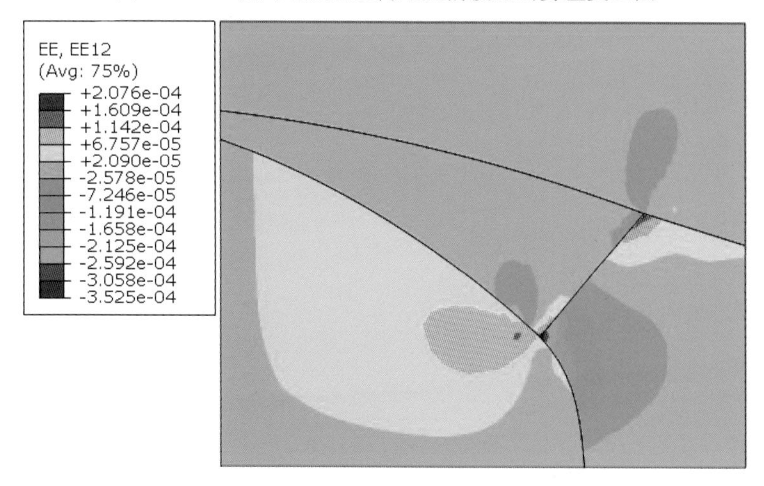

图 3－21d　玉树地震后模型的剪应变云图

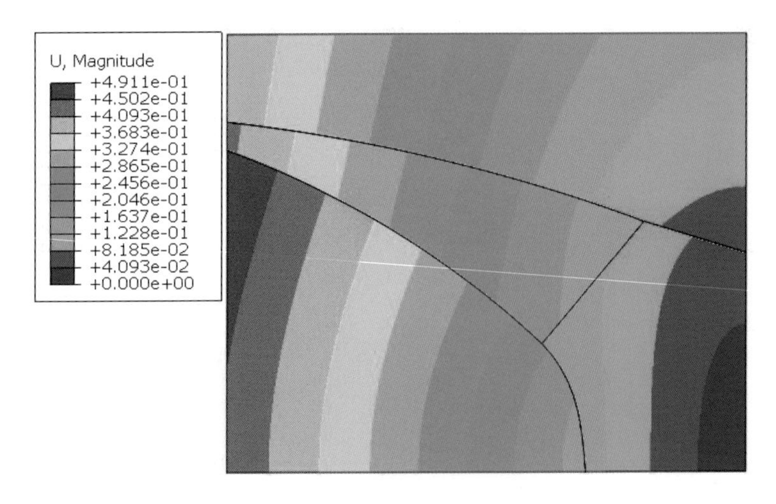

图 3-22a　昆仑山口西地震前模型的位移云图

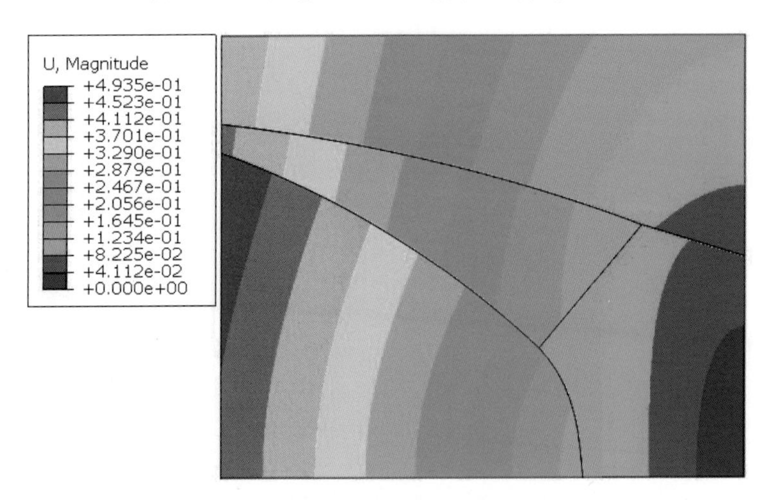

图 3-22b　昆仑山口西地震后汶川地震前模型的位移云图

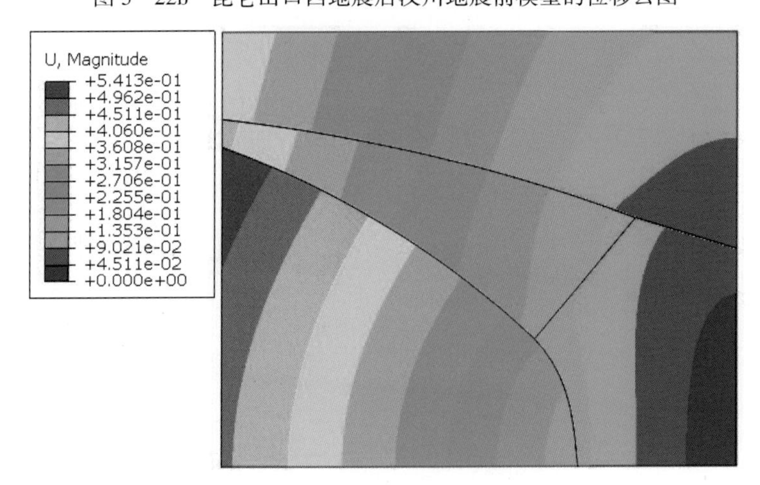

图 3-22c　汶川地震后玉树地震前模型的位移云图

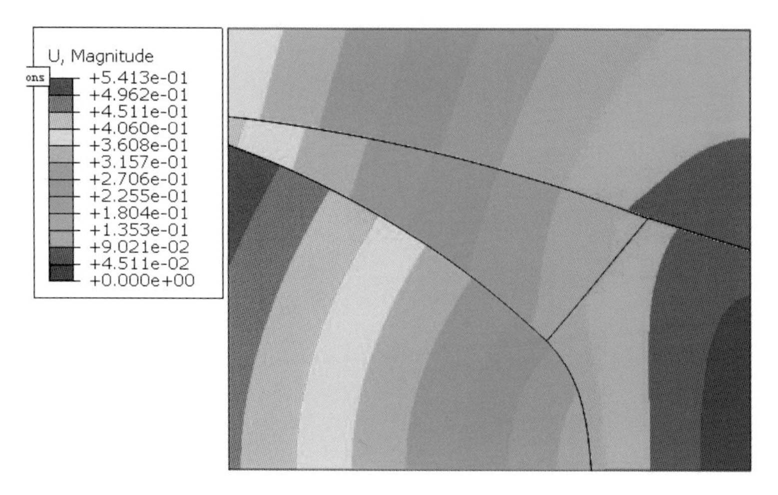

图 3－22d　玉树地震后模型的位移云图

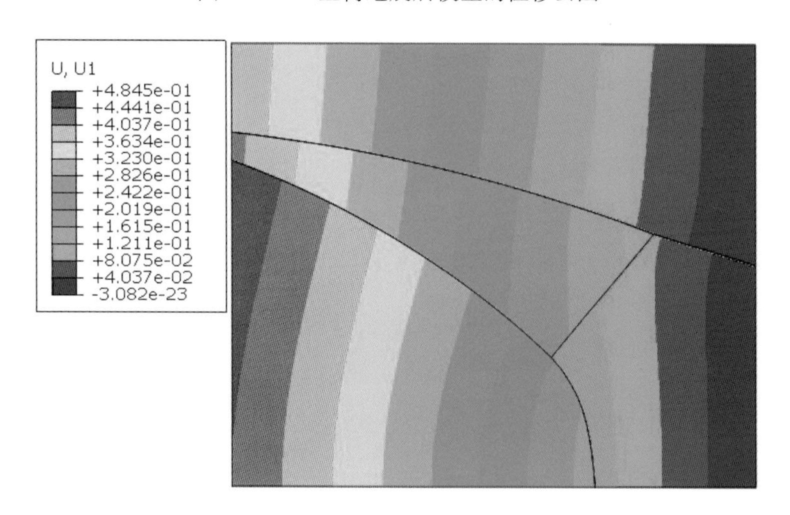

图 3－23a　昆仑山口西地震前模型的横向位移云图

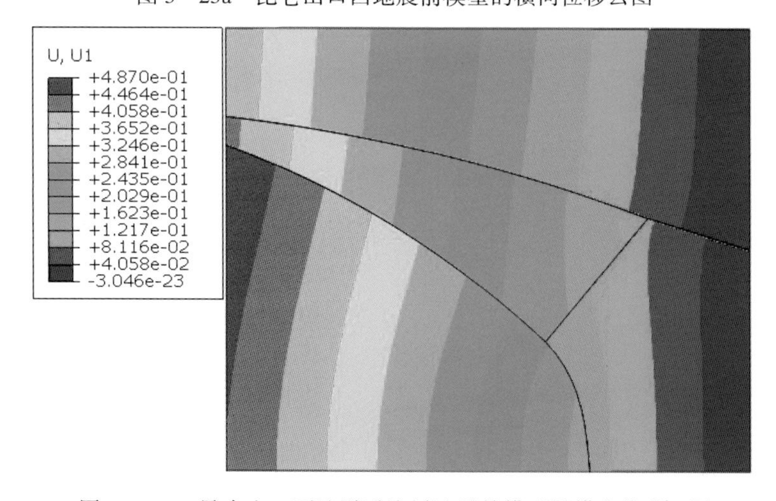

图 3－23b　昆仑山口西地震后汶川地震前模型的横向位移云图

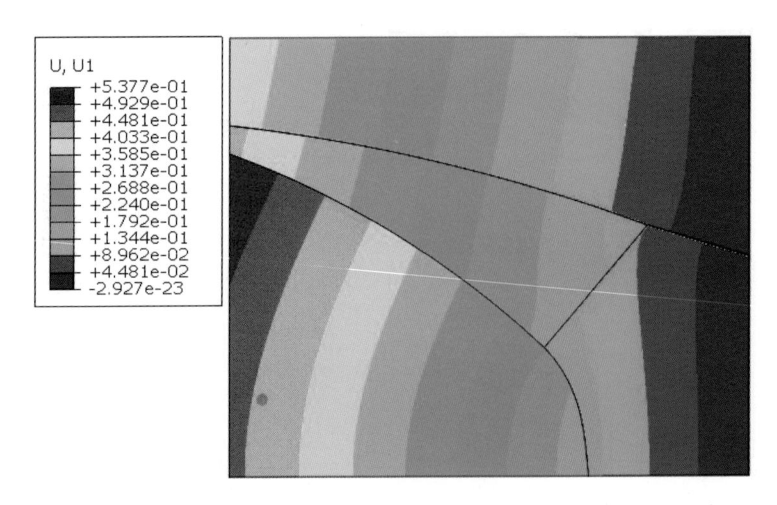

图 3－23c　汶川地震后玉树地震前模型的横向位移云图

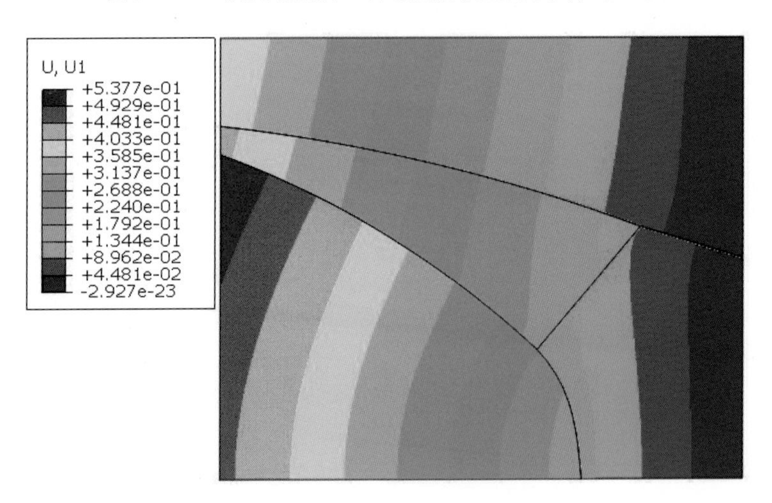

图 3－23d　玉树地震后模型的横向位移云图

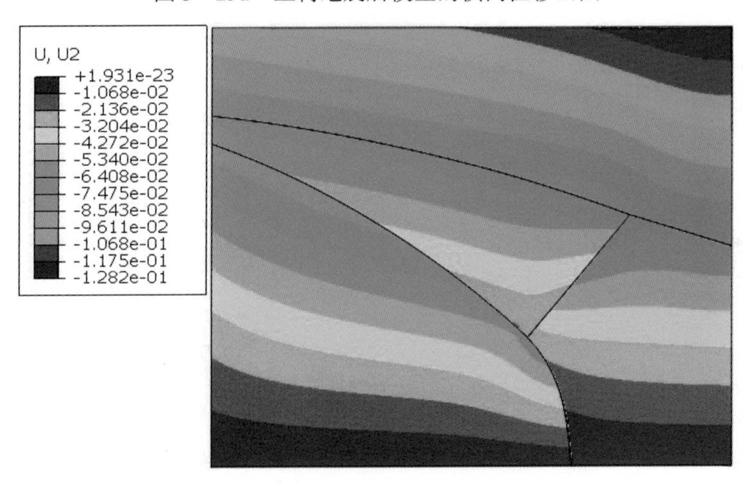

图 3－24a　昆仑山口西地震前模型的竖向位移云图

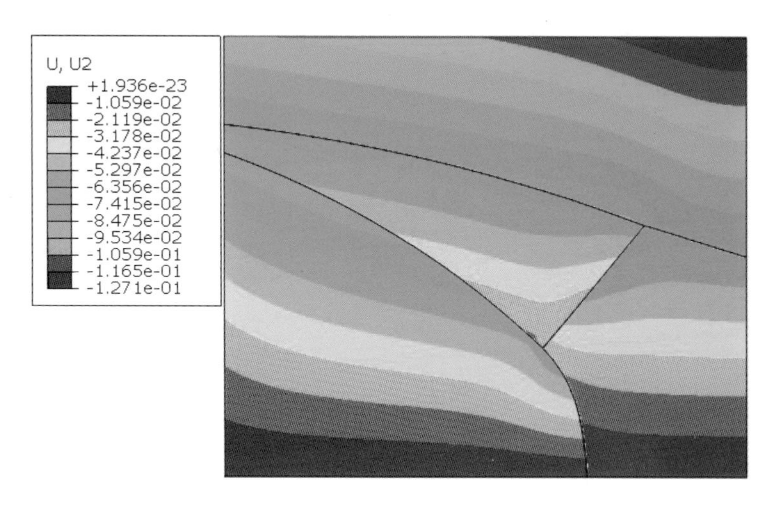

图 3－24b　昆仑山口西地震后汶川地震前模型的竖向位移云图

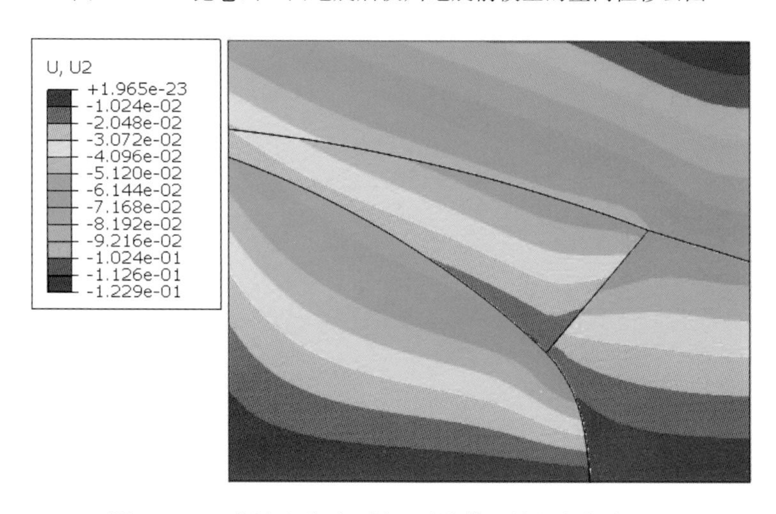

图 3－24c　汶川地震后玉树地震前模型的竖向位移云图

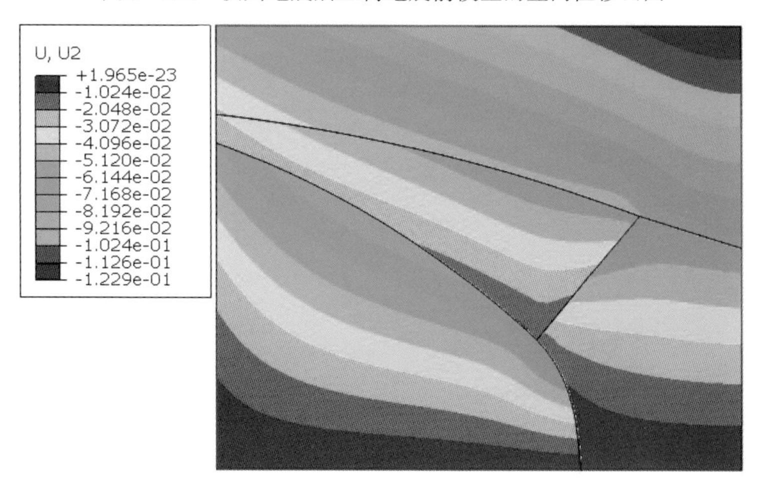

图 3－24d　玉树地震后模型的竖向位移云图

3.7　本章小结

本章介绍了我国大陆及周边动力学环境，选择鲜水河断裂带、龙门山断裂带和东昆仑断裂带及其分割的活动地块为研究对象；依据前文构造应力场研究资料、以 GPS 观测数据反映的地表水平位移或形变（速率）作为地表约束参考、基于速率和状态相关的摩擦本构关系，模拟了研究区域内最近的四次破坏性地震——昆仑山口西地震、汶川地震、玉树地震、芦山地震发生前后的断层—活动地块运动状态，分析了应力、应变、位移状态与地震发生的可能联系，推断了未来可能发生强震的地段。

第 4 章　活动断层的地震发生模型研究

4.1　引言

现阶段的地震危险性评估中，常假定一个涉及多条断层的区域内地震发生是相互独立的点过程或随机的泊松过程，认为地震的发生遵循 G-R 关系（震级-频度关系），而此关系是地震无记忆性的，每个地震在空间和时间上都是独立存在的。但大量震例研究表明，大震的发生并非完全独立，其在空间上有相邻关系，在时间上也有相随性。因此，地震发生模型并不能单单用震级-频度关系来描述，需要针对不同的震源区或断裂段来选用适合其上地震发生规律的模型，才能更可靠、准确地预测未来地震的大小、发生时间及可能发生的地段。

地震复发规律包括地震在时间、空间以及强度上的分布规律。地震孕育和发生的机制十分复杂，不同时间段、不同地点以及不同震级的地震原地复发规律也是不同的。所以，长期以来对地震复发规律的理论认识一直是地震、地质学界探讨和期望解决的一个难点和热点问题。目前国内外学者通过实际震例的研究或者物理实验、数值模拟等，从不同的角度针对地震的复发规律提出了一些地震发生模型[3]，其各有适用情况。具体到特定的断层，是否可以选用已有的某个模型，或是选择哪种地震发生模型更适合，仍需进一步的研究分析[39]。

4.2　地震发生模型的分类

研究地震的发生过程有两种方法：一种是借助于物理实验、数值模拟的方法，即模拟“门作用”的机理，了解其随时间变化特征，如弹簧滑块模型、构造块体成组孕育模型[37,93]等，对过程机理求得定性的解，这种方法中系统状态的任何改变基本都是确定性的；另一种方法是根据实际震例的地震序列，选取相继发生的震级 $M \geq M_0$ 的地震事件，分析其发展过程的规律性，这种方法虽然是不确定性的，但却是真实的。

目前国内外学者应用上述方法，从不同角度对地震的复发规律提出了一些理论模型与认识，如 Cornell[114] 提出的均匀 Poisson 模型，分段 Poisson 地震发生模型，Schwartz 和 Coppersmith[143] 提出的特征地震复发模式，Nishenko 和 Buland 基于特征地震模式提出的实时模型（N. B. 模型），Shimazaki 和 Nakata[144] 提出的时间可预报模式，Kagan 和 Jackson[122~124] 提出的地震丛集复发模式以及闻学泽提出的 i-f-j 模式[60]、时间可预报模型、滑移可预报模型、组合时间—滑移可预报模型，半 Markov 地震模型、更新混合模型、时间混合模型、滑移可预报模型、组合时间—滑移可预报混合模型、Bayes 地震模型、Bayes 极值模型、地震丛（簇）模型、Neyman-Scott 地震模型、长期（或短期）地震丛（簇）地震模型[18]等等。

尽管现有地震复发模型很多，但归纳起来可以分为三类：泊松随机模式、丛集模式和准周期模式[17]。这些模式可以由其相应的变异系数 σ（复发间隔标准差与平均复发间隔的比值）来描述。当 $\sigma=1$ 时，地震遵循泊松随机模式，即地震的复发在时间和空间上都是随机的，下次地震的发生与距上次地震的离逝时间及以前的地震活动无关；当 $\sigma<1$ 时，地震复发满足准周期的特征地震复发模式，即在某一断裂带上，地震以大致相等的时间间隔和大致相同的震级重复发生，且下次地震发生的概率与其距上次地震的离逝时间有关；当 $\sigma>1$ 时，地震服从丛集发生的模式，即地震是丛集发生的，在大地震以后，地震复发的概率在地震刚过去时最高，尔后随时间增加而逐渐下降。下面分别对这三类中几个代表性地震发生模型作了介绍[17]。

4.2.1 泊松随机模式

（1）均匀 Poisson 模型：假设在未来一定时间 T 年内发生震级在［m，m_1）内地震的计数过程服从强度为 $\lambda=\nu Pm$ 的 Poisson 计数过程，令 $N_T=N_T(m,\ m_1)$ 为计数随机变量，表示在时间 T 年发生震级在［m，m_1）内地震的数目[17]。m 为给定地震级。P_m 为发生的地震震级在［m，m_1）范围的概率，定义为

$$P_m=\int_m^{m_1} f(x)\,\mathrm{d}x \Big/ \int_{m_0}^{m_1} f(x)\,\mathrm{d}x \qquad (4-1)$$

式中，$f(m)$ 为震级密度函数；ν 为地震年发生率。它们通常由历史地震资料确定，且假设与时间无关。

（2）分段 Poisson 地震发生模型：该模型是对均匀 Poisson 模型的改进，其将地震震级范围分二段，低值段假设为齐次 Poisson 模型，高值段为非齐次 Poisson 模型，且强度函数中有时间分布函数，其意义是明确的，也反映了某些大地震间长周期的特点。从统计上看，它要求数据量大，对高值段的强度参数更是如此。另外，时间分布函数和高震级段的地震发生率的假设也带有主观性，其造成的不确定性不易作出估计。实际中有大震时间间隔短的情况（如我国海城地震与唐山地震的时间间隔就不大），这时若用危险函数可能会低估危险水平[17]。

4.2.2 丛集模式

地震丛集模式：提出地震不是单个等间隔发生的，而是两三个事件为一群，丛集发生的。事件群内相继事件的重复间隔时间短，而群与群之间的重复间隔时间长。地震在时间上的丛集发生可以指一些事件在单个断层或断层段上发生时间异常的接近，也可指相近时间的事件发生在一条断层的不同断层段上或同一断裂系的不同断裂上[50]。

4.2.3 准周期模式[42]

（1）特征地震模型[143]："特征地震"是指在同一震源区或特定断裂段上重复发生的大

小近似相等的主要的地震。该模型假设，断层反复发生的大地震都是具有完全相同滑动分布的大地震，断层各地点地震时的滑动量每次也相同，但从空间分布来看断层各部位的滑动量、平均位移和速度却不尽相同[42]。

（2）均匀滑动模型：该模型假设，沿断层的平均位移速度处处相同，断层各点地震时的滑动量也相同，但滑动量与平均复发间隔根据场所而不同。该模型也认可存在滑动分布每次都相同的大地震，但遇到滑动量小的情况时，为满足平均位移速度，必须设定其他时期还会发生较小规模的地震[42]。

（3）固有地震规模-周期地震模型：该模型假设，滑动量大小、复发间隔以及地震规模都是固定的，其中在只涉及断层某一点滑动量的固有性及周期性时称之为“阶段模型”。之后又根据滑动量与地震震级有关这一特性提出，同一规模的地震都是以基本相同的周期发生的[42]。

（4）固有地震学说：该模型假设特征地震模型所表示的地震（即震源域、位移分布、规模均是相同的地震）都是以相同的复发间隔发生的，也是地震固有性最大的模型[42]。

（5）固有断层活动-可变地震模型：该模型假设，考虑与地质构造单元相对应的断层单元，各断层单元的滑动量与复发间隔均是固定的，但是破坏区域的总面积不一定每次都相同（地震规模每次不同为更好）[42]。

4.2.4　各类地震发生模型的适宜性分析

泊松随机模式类的地震发生模型的计数特征能直接满足工程抗震设计的区间统计要求，其意义明确，且参数估计简单，从而被广泛接受和运用。对于历史资料少，研究程度低的地区使用均匀 Poisson 模型即可；对历史资料较多，研究程度较高的地区则使用分段 Poisson 模型，有利于降低估计的不确定性。

从集类地震发生模型由于丛中心化和叠加，虽然能产生显式表达式和明确的意义。但其处理带有主观特征，使得应用中难以用统一的准则来处理，且计算较复杂，因而应用不广泛[17]。另外，这类模型同样是齐次的。

准周期类地震发生模型是先假设地震的时间特征，然后通过等价关系转入讨论地震事件的计数特征来满足工程抗震设计要求。由于时间分布的假设带有主观性，使得意义不直观，应用不如泊松模型类广泛[17]。

4.3　断层地震发生模型的选择

地震的孕育和发生是极其复杂的，在目前对地震复发规律尚无统一认识的研究水平下，究竟采取泊松随机模式、丛集模式还是准周期模式或者其他某种地震复发模式建立地震危险性计算和预测模型，将直接影响地震灾害的预测和评价结果[97]。本书借鉴现有的相关研究成果，初步提出了建立发震断层的地震发生模型的研究方法和步骤。

在获取各地震构造带地震活动的基本数据以后，为了研究其地震的复发行为，采取以下研究方法和步骤：

1. 基于构造背景及资料进行断层分段

由于地质环境条件、结构及应力状况的不同，断层的活动往往呈现明显的分段现象。“段”是指一条断层上趋向于彼此独立破裂的部分，一条断层的破裂活动是通过一个或多个独立破裂段的组合而完成的[3]。断层分段时，应综合考虑断层不同段落的方位、连续性、断层阶区组合状况、阶区阶距和各段运动性质的差异、断层面的变化、断层两侧的岩性、断层与断层或其他构造的切割，以及断层长期以来活动幅度、活动速率的变化和破裂端点的结构特征等[3,8,9]。

2. 绘制、分析地震活动的时间序列图

搜集地震目录中有记载的历史地震、现代地震；充分吸收现有研究成果（城市活断层探测、第五代区划图），辅助野外调查，借助坑、槽、钻探，确定活动断裂（段）上每一次历史破坏性地震和古地震的活动年代、活动方式，分析地震活动资料的可靠性和完整性；在此基础上，绘制断层各段的地震活动时间序列图，即 M-T 图。通过分析各段的 M-T 图，研究随时间的活动分布规律。

3. 地震复发间隔的计算和分类

依据各段 M-T 图，分别计算其相邻的 $M_S \geqslant 6.0$ 级地震的复发间隔，并根据复发间隔的大小，分为活跃期内复发间隔和平静期内复发间隔。分类原则是：若某一间隔比其相邻的间隔大 1~2 个数量级以上，则将其归为平静期复发间隔，其他为活跃期复发间隔。

4. 计算各类地震复发间隔归一化数据、标准差和变异系数

在各地震构造带内，分别对各类地震复发间隔进行归一化处理，即将各个地震复发间隔分别除以其所属的相应间隔类的复发间隔平均值 T_m，最后得到所有地震构造带内各类地震复发间隔的归一化数据，并计算标准差 S 和变异系数 σ（即复发间隔的标准差 S 与平均值 T_m 之比）。

5. 复发行为的判别

根据计算所得的归一化数据、标准差和变异系数，来判别该断裂带上地震复发行为。通过对比分析已有相关研究，本书选择易桂喜等在川滇地区活动断裂带强震复发特征研究中采用的判别方法来分析，表 4-1 列出了活动断裂带的整体地震活动时间参数及判别参数。该方法分两种情况判别断裂带整体的地震复发行为[84]。

表 4-1　活动断裂带的整体地震活动时间参数及判别参数

断裂带名称及破裂分段数量
历史地震（时间、震级）
活跃期复发间隔（年）
平静期复发间隔（年）
活跃期持续时间（年）
变异系数 σ、平均复发间隔 T_m、活跃期平均复发间隔 T_{am} 及平静期平均持续时间 T_{pm}（年）

续表

式 $\ln T = a + bM_p$ 的相关系数 r 和强度-时间相依性判别
式 $M_l = A + B\ln T$ 的相关系数 r 和时间-强度相依性判别
复发行为

（1）不考虑地震强度-时间（或时间-强度）的相依性，使用简单的点过程统计学方法来判别地震复发行为[84]。变异系数 σ 是反映复发时间过程复杂性的参数，σ 越大，复发的时间过程越复杂，复发时间分布也越离散。研究表明，当 $\sigma<1$ 时复发是准周期行为；当 $\sigma>1$ 时复发表现出丛集行为；当 $\sigma=1$ 时复发呈现出完全随机的行为。然而，尽管一般将 $\sigma<1$ 的情形称为准周期复发，但只有 $\sigma<<1$ 时才属于有利于长期预测的准周期行为（或称良好的准周期行为），而当 $\sigma<1$ 但接近于 1 时，复发更趋于随机行为[84]。

（2）考虑地震复发过程的强度-时间和时间-强度相依性。对每条断裂带分别建立回归方程：

$$\ln T = a + bM_p \tag{4-2}$$

$$M_l = A + B\ln T \tag{4-3}$$

式中，T 是两次相继事件的时间间隔；M_p 和 M_l 分别是前一次和后一次事件的震级，a 和 b 或 A 和 B 为回归系数。

如果式（4-2）成立，则认为复发行为具有时间可预测性；若式（4-3）成立，则认为复发行为具有滑动（或震级）可预测性。根据回归的相关系数 r 是否大于或等于给定信度 c 的临界值 r_c 来判别地震复发是否具有强度-时间或时间-强度的相依性，并取 $c=0.05$[82]。

综合上述两种方法的判别结果，确定该断裂带地震复发模式。若该断裂带属于泊松随机模式和丛集模式，采用第五代区划图的潜在震源区参数，分析该断层的地震危险性。若该断层具有周期性或准周期性特征，联合 10~20ka 以来的古地震增补的地震序列的判定，采用特征地震发生模型分析断层的地震危险性。

4.4　鲜水河—小江断裂带的特征地震模型

通过第 3 章的工作，推断出鲜水河断裂带为将来可能发生大震的地段之一，而且该段上已经有丰富的研究基础和资料，因此本章对鲜水河—小江断裂带的地震发生模型进行分析。鲜水河—小江断裂带是我国境内最活跃的断裂带之一，主要由鲜水河断裂带、则木河断裂带、安宁河断裂带、小江断裂带组成的，由于其频繁的地震活动以及强烈的地壳运动，而受到国内外学者的关注。通过对该断裂带的研究，可以发现此断裂带的一些地段在第四纪地质历史时期，都有特征地震的记录，这些地段是甘孜—炉霍、巧家、西昌、嵩明和东川等地段。

4.4.1 区域地质背景

鲜水河—小江断裂带地处于青藏高原东南侧的边缘，北起甘孜一带，向南东经过康定—西昌—巧家至通海，主要由北段的鲜水河断裂带，中段的安宁河断裂带和则木河断裂带以及南段的小江断裂带组成。总长度达到 700km 左右，宽度从几百米到几千米，部分分支宽度达到 30km 左右，它以折线形分布在川西滇东，从总体上可以看作北东向突出的弧形平面几何结构的形态，见图 4－1。

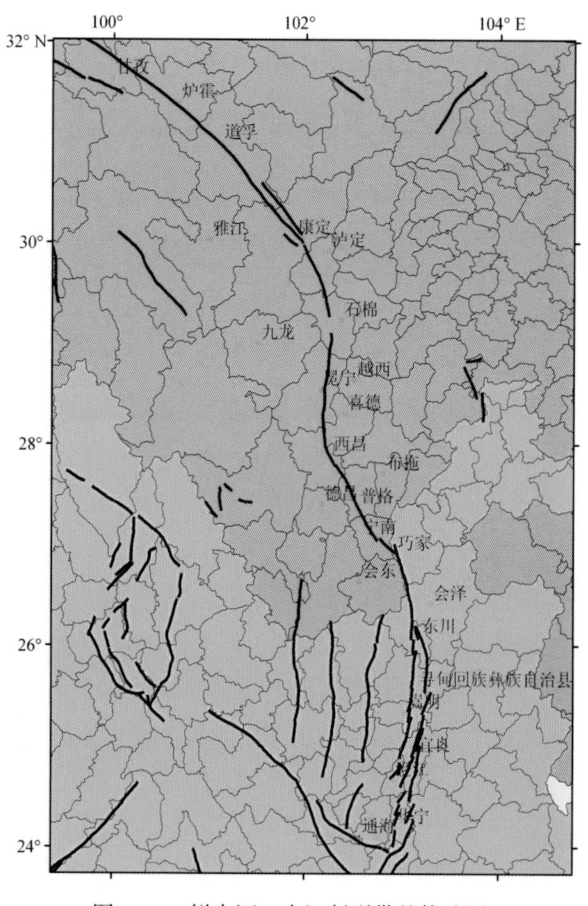

图 4－1 鲜水河—小江断裂带的构造图

1. 鲜水河断裂带[19,31,62]

此断裂带的主体大致分为康定断裂、炉霍断裂和甘孜断裂。康定断裂由贡嘎山南东部起经石棉田湾—泸定磨西和康定西侧的团结—道破梁子—虫草坪延伸到北吊海子一带，接着向北延伸与雅拉河断裂的北西段相接，延伸到乾宁北东侧减弱，长度约为 150km。炉霍断裂是由乾宁东南侧起，经乾宁西南侧—龙灯坝—葛卡—道孚—恰叫—虾拉沱—炉霍西南侧—旦都—朱倭，延伸到甘孜北侧的英达后消逝，总长度为 210km 左右。甘孜断裂也称甘孜—玉树断裂，南东起甘孜东南的拖坝，往北西经过甘孜的西南侧—绒坝盆—玛尼干戈—竹庆—洛须一带，延伸到青海玉树附近，长达 340km。此断裂带沿北西走向近似弧形分布，在印度板块的挤推作用下地震活动强烈，尤其是在青藏地区的边缘，并有特征地震的特点，属于典型的走滑型断裂带。

2. 安宁河断裂带[19,108]

安宁河断裂北起石棉县新民一带，往南沿大渡河—安宁河经冕宁至西昌的西宁镇，长约 160km，总体走向为南北向，断面倾向东，倾角为 50°～80°。从卫星图像上，以紫马垮为界，把断裂分成了南北两段，北段的几何结构比较简单，近似于直线；由麂子坪经过石灰窑，终止于田湾的一带，把鲜水河断裂与大凉山断裂相连，长度大约为 55km。在断裂的沿线可以看到因侵蚀作用，而形成的垭口和槽谷等地貌。断裂南段，也称紫马垮—西昌段，长度约为 115km。此段断裂带多处是由 2 或 3 条次级断裂组成，断裂带宽度达 2～4km。地貌上出现了由若干断层包围的上隆山地，这也反映了断裂带受侧向水平挤压。第四纪以来，断块的差异运动使安宁河断裂纵向上发生强烈的断陷活动及形成新隆起，冕宁以北为强烈的隆起区，冕宁以南至西昌形成典型的断陷河谷地貌。在横向上，断陷谷两侧差异活动明显，其东岸相对西岸有明显的抬升。沿带可见清晰的断错地貌，如断错水系、断层崖与断塞瑭、地震槽谷等，表现出强烈的左旋走滑运动性质。

3. 则木河断裂带[19,55]

则木河断裂带北起西昌一带与南北向的安宁河断裂带交会为一体，向东南过普格、宁南到巧家，与南北向的小江断裂带相连接，走向北西 40°，断面倾向北东，近地表倾角 60°以上，全长约为 140km。断裂带由五条次级剪切断层呈左阶斜列组合而成，同时，在第四纪由于断裂的差异活动沿断裂带还形成了一系列断陷盆地和拉分盆地，如邛海断陷盆地、松新断陷盆地、宁南拉分盆地等。这些盆地的形成时期、规模及断陷幅度并不一致。大致以普格为界分为北西、南东两段。其北西段起于西昌西宁一带，向南东经邛海西岸、大箐梁子，止于普格，长约 70km。断裂在普格一带，断裂结构简单，仅由 2～3 条平行断层组成宽约 1km 的构造带，断面倾向北东，且切错了北东向次级断裂。往北西至西昌一带，断裂由多条近平行的断层组成，形成一个向北西方向逐渐加宽的断裂带，在邛海一带宽达 10km，同时断裂带在此处被一组近东西向的断裂切错，形成了复杂的块断结构。断裂南东段，即普格至巧家一段，长度约 70km。

4. 小江断裂带[19,31]

小江断裂位于鲜水河—小江断裂带的南侧，南北纵贯了川滇两省，北起于四川省边境巧家，向南小江河谷延伸，在东川分成了东西两支。东侧分支经过东川—寻甸—宜良，到红河断裂的北侧为止；而西侧分支经过了嵩明延伸至华宁南侧，到建水的南侧消逝。全长约为 450km。从震旦纪以来，它控制了断裂两侧沉积岩相、沉积厚度以及地层分布。早期，该断裂带以挤压活动为主，到了晚第三纪，断裂的力学性质转变成剪切走滑，由于这种力学性质的变化，使其几何形态也产生了相应的变化，形成了走滑错列结构。

4.4.2　几何分段特征[19]

鲜水河—小江断裂带上有三处一级尺度的几何结构，甘孜附近，小相邻地区，宁南—巧家地区。这三处地段位于整条断裂带的各主要断裂之间，造成了整个断裂带的不连续和走向的偏转。

（1）甘孜拉分区（甘孜附近），它位于鲜水河断裂带与甘孜—玉树断裂带之间，使两断裂呈现出不连续，构成大型的左阶区，位于侏倭、英达、卡日拉卡、荣坝和甘孜等地所围成的区域，长度约为60km，北西侧宽35km，南东侧宽度约为20km，呈北西向梯形。阶区中在甘孜、绒坝和东谷—卡莎附近，有局部的第四纪下陷沉积区，反映了两条主断裂带（鲜水河和甘孜—玉树断裂）之间的左阶区可能由于运动发生转换而发生的局部新断陷。此左阶区是一个运动明显的拉分构造区，它是鲜水河左旋走滑断裂水平运动的结果，是在左阶不连续区产生的一个拉分盆地的雏形。

（2）小相领右阶区，位于鲜水河断裂与则木河断裂之间，东西两侧分别收到越西—普雄断裂和安宁河断裂控制，总体呈现一近南北向的菱形断块。鲜水河与则木河两断裂均属于北西向的左旋走滑活断裂，几何结构上可看作是一对右阶雁列的断层对。因此，小相领断块是位于这两断裂之间的右阶岩桥区。逆阶区是指断裂旋性（左旋）与雁列形式（右阶）相反的几何结构。此断块是在地貌上被视为鲜水河和则木河断裂之间的挤压脊[6]。研究表明，小相领逆阶区对于鲜水河断裂南西侧地块向南东的水平运动造成严重的阻碍，使得安宁河断裂北段发生逆冲运动，并且在该阶区内及西侧形成较大面积和幅度的第四纪垂直上隆的作用。

（3）宁南—巧家，是由于则木河断裂与小江断裂发生的大尺度的左阶区。在阶区内发育了一系列走向北东的横贯剪性破裂。研究资料表明，宁南—巧家左阶区处于拉张的应力环境中，北东向的横贯破裂属于张性正断层的活动性质，而小江断裂的最北段呈现出从左旋走滑向正断层倾滑活动的转换。在此左阶区中，在宁南、巧家以及松林等地发育有小型第四纪沉积盆地。此阶区与上述的左阶区类似，也属于一大尺度的拉分构造区，也是一个发育中的拉分盆地的雏形。

4.4.3　地震活动性的分析

1. 研究区上的地震统计

取鲜水河—小江断裂带两侧50km为研究区，统计该范围内的历史地震。研究区域内自公元624年，有历史记载以来共发生破坏性地震233次，其中7级以上达20次，震源深度在20km左右，大部分属于浅源构造地震，62次6级以上地震，176次5级以上地震。从1970年至今小于5级的地震发生过3223次。从上述的统计也可以看出，本研究区地震活动的强度大，频率高。图4－2为$M \geqslant 4.0$级地震空间分布图，表4－2列出$M \geqslant 5.0$级地震目录。

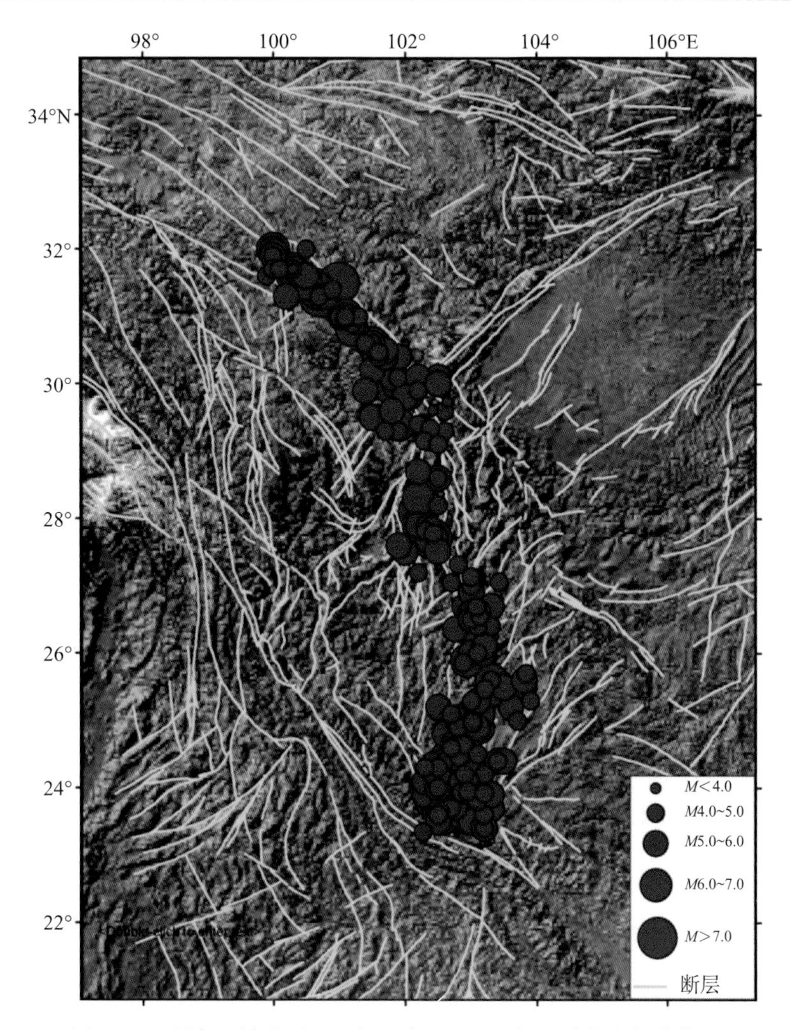

图 4-2　研究区域公元 624 年至今 $M \geq 4.0$ 级地震的空间分布图

表 4-2　鲜水河—小江断裂带 $M \geq 5.0$ 级地震目录

序号	发震时间			震中位置（°）		精度	震级	震源深度（km）	震中烈度	参考地点
	年	月	日	北纬	东经					
1	624	8	18	27.9	102.2	4	6		Ⅷ	四川西昌一带
2	814	4	6	27.9	102.2	4	7		Ⅸ	四川西昌一带
3	1216	7	2	29.6	102.6	4	5		Ⅵ	四川汉源北
4	1446	4	8	23.6	102.8	2	5½		Ⅶ	云南建水
5	1480	9	22	28.6	102.5	3	5½		Ⅶ	四川越西一带
6	1489	1	15	27.8	102.3	3	6¾		Ⅸ	四川越西一带
7	1494	4	2	25.5	103.8	3	5½		Ⅶ	云南曲靖

续表

序号	发震时间			震中位置（°）		精度	震级	震源深度(km)	震中烈度	参考地点
	年	月	日	北纬	东经					
8	1500	1	13	24.9	103.1	3	7		Ⅸ	云南宜良
9	1506	5	7	25.4	103.3	1	5½		Ⅶ	云南寻甸易隆
10	1507	11	14	24.8	102.6	3	5¼		Ⅵ⁺	云南安宁东南
11	1517	7	22	24.1	102.6	1	5½		Ⅶ	云南通海河西
12	1533	2	22	25.2	103.6	3	5½		Ⅶ	云南陆良西北
13	1536	3	29	28.1	102.2	2	7.5		Ⅹ	四川西昌北½
14	1539	8	18	23.6	102.8	2	5½		Ⅶ	云南建水
15	1560	4		24.9	103.1	2	5½		Ⅶ	云南宜良
16	1560			24.2	102.7	1	5½		Ⅶ	云南通海北
17	1571	9	19	24.1	102.8	2	6¼		Ⅷ	云南通海
18	1577	4	10	24.2	102.9	3	5			云南建水一带
19	1588	8	9	24	102.8	2	7		Ⅸ	云南建水曲溪
20	1599	10	16	25.3	103	2	5		Ⅵ	云南嵩明附近
21	1600	12	2	25	102.8	4	5¼			云南昆明附近
22	1606	11	30	23.6	102.8	2	6¾		Ⅸ	云南建水
23	1612	3	12	25.3	103.1	4	5¼			云南寻甸一带
24	1612	3	13	23.6	103.2	2	5		Ⅵ	云南倘甸附近
25	1612	6	3	25.4	103.3	1	5½		Ⅶ	云南寻甸易隆
26	1620	12		25.5	103.5	3	5¼		Ⅶ	云南曲靖附近
27	1655	4	17	24.4	102.6	2	5		Ⅵ⁺	云南玉溪
28	1696	7	7	25	102.8	2	5¾		Ⅶ	云南昆明
29	1701			25.2	102.5	2	5½		Ⅶ	云南富民
30	1722	2		24.2	102.4	2	5		Ⅵ	云南峨山
31	1723	2	26	25.6	103.3	2	6¾		Ⅸ	云南寻甸
32	1725	7	1	30	101.9	2	7		Ⅸ	四川康定
33	1725	1	8	25.1	103.1	1	6¾		Ⅸ	云南宜良附近
34	1732	1	29	27.7	102.4	2	6¾		Ⅸ	四川西昌东南
35	1732	11		23.7	102.5	2	5		Ⅵ	云南石屏
36	1733	8	2	26.3	103.1	2	7¾		Ⅹ	云南紫牛坡
37	1736			30.6	101.5	2	5½		Ⅶ	四川道孚乾宁

续表

序号	发震时间			震中位置（°）		精度	震级	震源深度（km）	震中烈度	参考地点
	年	月	日	北纬	东经					
38	1741			30.6	101.5	2	5		Ⅵ	四川道孚乾宁
39	1741	11	14	23.7	102.5	2	5		Ⅵ	云南石屏
40	1742			30.6	101.5	2	5		Ⅵ	四川道孚乾宁
41	1743	3		31.4	100.7	4	6¾		Ⅷ	四川炉霍
42	1748	3	6	30.2	101.5	2	5¾		Ⅶ	四川康定塔公
43	1748	8	30	30.4	101.6	3	6½		Ⅷ	四川道孚东南
44	1750			30.6	101.5	2	5		Ⅵ	四川道孚乾宁
45	1750	9	15	24.7	102.9	2	6¼		Ⅷ	云南澄江
46	1755	2	8	23.7	102.8	2	6		Ⅷ	云南石屏东
47	1761	5	23	24.4	102.6	2	6¼		Ⅷ	云南玉溪
48	1761	11	3	24.4	102.6	2	5¾		Ⅶ$^{+}$	云南玉溪
49	1763	12	30	24.2	102.8	2	6½		Ⅷ$^{+}$	云南江川附近
50	1765			30.6	101.5	2	5		Ⅵ	四川道孚乾宁
51	1783			25.6	103.8	3	5½		Ⅶ	云南沾益
52	1785			30.6	101.5	2	5¾		Ⅶ	四川道孚
53	1786	6	1	29.9	102	2	7¾		Ⅹ	四川康定南
54	1789	6	7	24.2	102.9	2	7		Ⅸ$^{+}$	云南华宁路居
55	1792	9	7	30.8	101.2	3	6¾		Ⅷ	四川道孚东南
56	1793	5	15	30.6	101.5	2	6		Ⅷ	四川道孚乾宁
57	1799	8	27	23.8	102.4	1	7		Ⅸ	云南石屏宝秀
58	1811	9	27	31.7	100.3	2	6¾		Ⅸ	四川炉霍朱倭
59	1811			30.6	101.5		5¾		Ⅶ	四川道孚乾宁
60	1814	11	24	23.7	102.5	2	6		Ⅷ	云南石屏宝秀
61	1816	12	8	31.4	100.7	2	7½		Ⅹ	四川炉霍
62	1833	9	6	25	103	2	8		Ⅹ	云南嵩明、祥云
63	1834	4	11	25	103	2	5		Ⅵ	云南宜良汤池
64	1850	9	12	27.7	102.4	2	7½		Ⅹ	四川西昌一带
65	1879			24.4	103.4	2	5½		Ⅵ	云南弥勒
66	1881	6		28.6	102.5	2	5		Ⅵ	四川越西一带
67	1882	1		24.4	103.4	2	5¾		Ⅶ	云南弥勒

续表

序号	发震时间			震中位置（°）		精度	震级	震源深度（km）	震中烈度	参考地点
	年	月	日	北纬	东经					
68	1887	12	16	23.7	102.5	2	7		Ⅸ⁺	云南石屏
69	1893	8	29	30.6	101.5	2	7		Ⅸ	四川道孚乾宁
70	1900			24.4	103.4	2	5		Ⅵ	云南弥勒
71	1904	8	30	31	101.1	2	7		Ⅸ	四川道孚
72	1909	5	11	24.4	103		6			云南华宁一带
73	1909	5	11	24.4	103	2	6½		Ⅷ⁺	云南华宁一带
74	1911	10	17	26.6	103.1	1	5¾		Ⅶ⁺	云南巧家一带
75	1913	8		28.7	102.2		6		Ⅷ	四川冕宁
76	1913	9		24.7	102.7	5	5		Ⅵ	云南晋宁
77	1913	12	21	24.2	102.5		7		Ⅸ	云南峨山
78	1913	12	22	24.2	102.5		6			云南峨山
79	1914	9	26	26.4	103.3		5		Ⅵ	云南会泽
80	1916	3	2	26.7	103.3		5¼		Ⅵ⁺	云南会泽北
81	1918	1		25.6	103.3		5		Ⅵ	云南寻甸
82	1919	3		25	103.7		5		Ⅵ	云南陆良
83	1918	8	14	26.9	103		5½		Ⅶ	四川巧家南
84	1919	5	29	31.5	100.5		6¼			四川道孚西北
85	1919	8	26	32.0	100.0		6¼			四川甘孜一带
86	1919	12	9	24.4	103.5		5½		Ⅶ	云南弥勒
87	1919	12	22	23.7	103.3		5½		Ⅶ	云南开远
88	1923	3	24	31.5	101		7.3		Ⅹ	四川道孚
89	1923	6	14	31.3	100.8		5¾		Ⅶ	四川炉霍S
90	1923	8		28.7	102.2		5½		Ⅶ	冕宁大桥
91	1926	8	11	29.5	101.5		5½			四川康定西南
92	1927	3	15	26.0	103.0		6		Ⅷ	云南寻甸
93	1927	11	24	25.2	102.5		5½		Ⅶ	云南富民
94	1929	2	9	23.5	102.5		5¼			云南建水西
95	1929	3	22	24.0	103.0		6			云南通海
96	1930	4	28	32.0	100.0		6			四川甘孜北
97	1930	5	15	26.8	103.0	2	6		Ⅶ、Ⅷ	云南巧家南

续表

序号	发震时间			震中位置（°）		精度	震级	震源深度（km）	震中烈度	参考地点
	年	月	日	北纬	东经					
98	1930	6		23.4	103.2		5¼		Ⅵ$^+$	云南个旧
99	1932	3	7	30.1	101.8		6		Ⅷ	四川康定一带
100	1932	6		23.4	103.2		5		Ⅵ	云南个旧
101	1932	11	3	24.5	103.1		5		Ⅵ	云南弥勒糯租
102	1934	1	12	23.7	102.7	2	6		Ⅷ	云南石屏附近
103	1934	5	3	26.6	103.1		5¼		Ⅵ$^+$	东川巧家间
104	1935	4		23.5	103.0		5½		Ⅶ	云南建水东
105	1936	2	18	24.1	102.8		5			云南通海
106	1936	8	17	26.6	103.0		5½		Ⅶ	云南会泽西
107	1937	11	10	24.9	102.8		5		Ⅵ	云南呈贡
108	1939	9	19	24.4	102.6		5½		Ⅶ	云南玉溪
109	1940	4	3	24.4	102.4		5		Ⅵ、Ⅶ	云南玉溪
110	1940	4	6	23.9	102.3	3	6		Ⅷ	云南石屏
111	1940	6	19	24.5	102.6		5¾		Ⅶ$^+$	云南玉溪北
112	1941	6	12	30.1	102.5	3	6			四川泸定、天全
113	1941	12	15	23.7	102.5		5		Ⅵ	云南石屏
114	1944	10	14	31.0	101.0		5			四川道孚附近
115	1945	8	22	23.4	103.2		5		Ⅵ	云南个旧
116	1947	6	7	26.7	102.9	2	5½		Ⅶ	四川会东东南
117	1948	12	5	26.4	103.1		5		Ⅵ	云南巧家南
118	1949	9	16	24.2	103.0		5¼		Ⅶ	华宁盘溪
119	1949	11	13	30.0	102.5		5½		Ⅶ	四川康定、石棉
120	1950	9	13	23.5	103.1	3	5¾		Ⅷ	云南建水、开远
121	1951	3	16	29.3	102.6		5		Ⅵ	四川石棉
122	1951	5	10	27.5	102.0		5½			四川德昌一带
123	1952	2	6	27.9	102.3		5		Ⅵ$^+$	四川西昌附近
124	1952	6	26	30.1	102.2	3	5¾			四川康定、泸定
125	1952	8		23.6	103.2		5		Ⅵ	云南开远个旧
126	1952	9	30	28.3	102.2	2	6¾		Ⅸ	冕宁、石龙一带
127	1953	5	4	24.2	103.2	3	5		Ⅶ	云南弥勒西南

续表

序号	发震时间			震中位置（°）		精度	震级	震源深度（km）	震中烈度	参考地点
	年	月	日	北纬	东经					
128	1955	4	14	30.0	101.8	2	7½		Ⅹ	四川康定
129	1955	8	4	29.8	102.0		5½			四川康定南
130	1955	10	1	29.9	101.4	3	5¾		Ⅶ	四川康定
131	1962	2	27	27.6	101.9	3	5½		Ⅵ	米易、德昌一带
132	1965	12	26	31.3	100.2	4	5.1			四川新龙北
133	1965	5	24	24.0	102.5	3	5.2		Ⅵ	云南峨山东南
134	1966	2	5	26.1	103.1	2	6.5		Ⅸ	云南东川
135	1966	2	6	26.0	103.1		5			云南东川
136	1966	2	6	26.5	103.0		5.3			云南会泽西
137	1966	2	6	26.0	103.18	1	5.2			云南东川
138	1966	2	13	26.1	103.1	1	6.2		Ⅶ、Ⅷ	云南东川
139	1966	2	18	26.1	103.2	2	5.2		Ⅵ	云南东川
140	1967	8	30	31.6	100.3	1	6.8		Ⅸ	四川炉霍西北
141	1967	8	30	31.7	100.3	1	6			四川炉霍西北
142	1970	1	5	24.2	102.7	1	7.8	13	Ⅹ⁺	云南通海
143	1970	3	13	24.0	103.0	1	5.9			云南通海东南
144	1972	4	8	29.6	101.8	1	5.2	28	Ⅵ	四川康定西南
145	1972	9	27	30.4	101.7	1	5.6	13	Ⅶ	四川康定西北
146	1972	9	30	30.5	101.7	1	5.6	16		四川康定西北
147	1972	9	30	30.4	101.9	1	5.7	20		四川康定北
148	1972	1	23	23.5	102.6	2	5.6	6	Ⅶ	石屏、红河间
149	1973	2	6	31.3	100.7	2	7.6	11	Ⅹ	四川炉霍附近
150	1975	1	15	29.4	101.9	2	6.2	25		四川九龙东北
151	1975	7	9	23.9	103.3	1	5.3	18	Ⅵ	开远东北
152	1976	10	9	24.1	102.3	1	5.3		Ⅵ	峨山
153	1981	1	24	31.0	101.1	1	6.9	12	Ⅷ⁺	四川道孚附近
154	1982	6	16	32.0	100.0	2	6	15	Ⅶ	四川甘孜西北
155	1983	6	4	27.1	103.4	1	5	27		云南鲁甸西南
156	1985	4	18	25.9	102.9	1	6.2	5	Ⅷ	禄劝东北
157	1985	9	2	23.7	102.8	1	5.4	6	Ⅶ	云南建水附近

续表

序号	发震时间			震中位置（°）		精度	震级	震源深度（km）	震中烈度	参考地点
	年	月	日	北纬	东经					
158	1988	4	15	26.4	102.8	1	5.4	9	Ⅶ	四川会东东南
159	1989	6	9	29.3	102.4	1	5	9	Ⅶ	四川石棉西北
160	1989	9	20	25.5	103.2	1	5	15	Ⅵ	寻甸、嵩明间
161	1999	11	25	24.6	102.9		5.2	10		云南澄江附近
162	2001	7	15	24.3	102.6		5.5			云南玉溪
163	2002	4	10	27.5	102.5		5.2			四川普格附近
164	2005	8	5	26.6	103.2		5.4			云南会泽附近
165	2010	4	28	30.6	101.4		5	8		四川道孚一带
166	2010	8	3	27.1	103.3		6.6	10		云南鲁甸
167	2014	10	1	28.4	102.7		5.2	10		四川越西
168	2014	11	22	30.3	101.7		6.4	20		四川康定
169	2014	11	25	30.2	101.8		5.9	16		四川康定
170	2015	1	14	29.3	103.2		5.0	20		四川金口河
171	2018	8	13	24.2	102.7		5.1	14		云南通海
172	2018	8	14	24.2	102.7		5.0	6		云南通海
173	2018	10	31	27.6	102.1		5.1	20		四川西昌
174	2020	5	18	27.2	103.2		5.0	8		云南巧家
175	2021	6	10	24.4	101.9		5.3	8		云南双柏
176	2022	9	5	29.6	102.1		6.8	16		四川泸定
177	2022	10	22	29.6	102.0		5.0	12		四川泸定

2. 研究区上地震的时间分布

从历史地震资料中发现，一个地震区内的地震活动在有的时段地震频度低，震级较小，表现为相对平静状态；有的时段地震频度高，震级较大，表现为显著活动状态，而且地震活动的相对平静阶段和显著活动阶段周期性地重复着。

图 4－3 给出了本研究区上历史地震的频度图，由此可以看出研究区的地震活动在时间分布上是不均匀的，表现出明显的周期性或类周期性，并可区分出地震活动的活跃期和平静期。1500～1606 年、1713～1850 年、1887 年至今是地震活跃期。其活跃周期分别为 107、138 和 136 年，平均为 127 年。鲜水河—小江断裂带自有地震记录以来，地震活动有 200～330 年的活跃期与平稳期的交替变化。但活跃期与平稳期的交替周期随着时间的推移呈现出变短的趋势。从 1500 年以来，地震活跃期平均为 127 年，平稳期为 71 年，交替周期为 195

年。第一个交替周期为 213 年，第二个交替周期为 175 年，第三个为 124 年，此过程仍在延续。

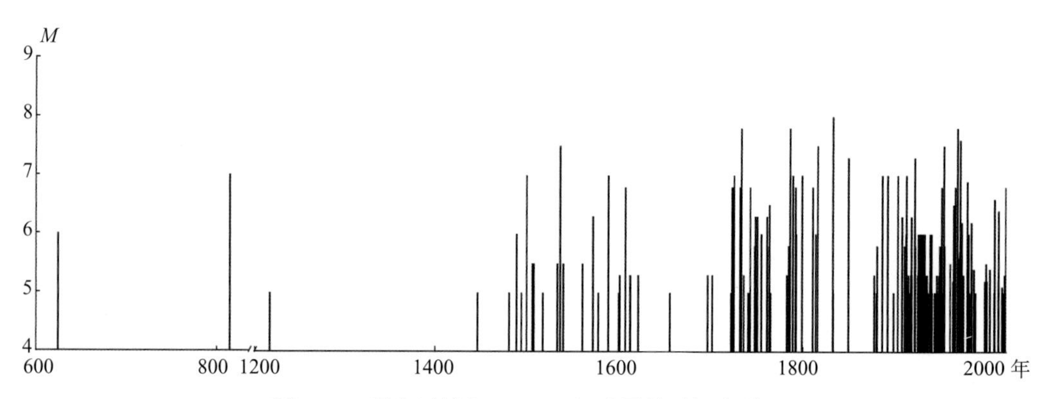

图 4－3 研究区域上 $M \geqslant 5.0$ 级地震的时间序列

3. 断裂带的长期滑动速率

鲜水河断裂的北西段的滑动速率达到 10～20mm/a，通过野外调查，将滑动速率限定在 14mm/a。与北西段比较，南东段的滑动速率减小，为 9～10mm/a。安宁河断裂是以冕宁为界，北段的滑动速率为 2.8～3.7mm/a，南段的滑动速率为 5～8mm/a。而则木河断裂第四纪以来的年平均滑动速率约为 6.4mm/a。小江断裂的平均滑动速率为 8～12mm/a。

4.4.4 鲜水河—小江断裂带的特征地震

综合考虑断层不同段落的方位、连续性、断层阶区组合状况、阶区阶距和各段运动性质的差异、断层面的变化、断层两侧的岩性、断层与断层或其他构造的切割，以及断层长期以来活动幅度、活动速率的变化和破裂端点的结构特征等，在研究特征地震时对鲜水河—小江断裂带分段，分别为鲜水河断裂带、安宁河断裂带、则木河断裂带、小江断裂带。

特征地震是指在同一活动断层上，重复发生同震位移量或是震级相近的地震，即重复发生的震级相近的一组地震。对鲜水河—小江断裂带及其各段上的地震记录进行统计，图4－4为断裂带上特征地震的空间分布，图 4－5 至图 4－7 为断裂带上地震的时间分布。统计结果显示，自 1700 年以来，鲜水河—小江断裂带上发生过 19 次 $M \geqslant 7.0$ 级地震，其中，小江断裂带发生 9 次；鲜水河断裂带上发生 7 次；则木河断裂带发生 2 次，分别是公元 814 年的 7 级地震和 1850 年的 7.5 级地震，时间间隔 2030 年；安宁河断裂带上 1536 年发生 1 次 7.5 级地震。计算整条断裂和各段的 $M \geqslant 7.0$ 级地震的发生时间间隔，并进行归一化处理可以看出在鲜水河断裂带和小江断裂带上地震的发生有准周期特点。在整条断裂带上 $M \geqslant 7.0$ 级地震的平均复发间隔约 17 年，鲜水河断裂带上 $M \geqslant 7.0$ 级地震平均复发间隔为 41 年，小江断裂带上 $M \geqslant 7.0$ 级地震平均复发间隔为 58 年。初步判定鲜水河断裂带特征地震震级为 7½，小江断裂带特征地震震级为 7½。

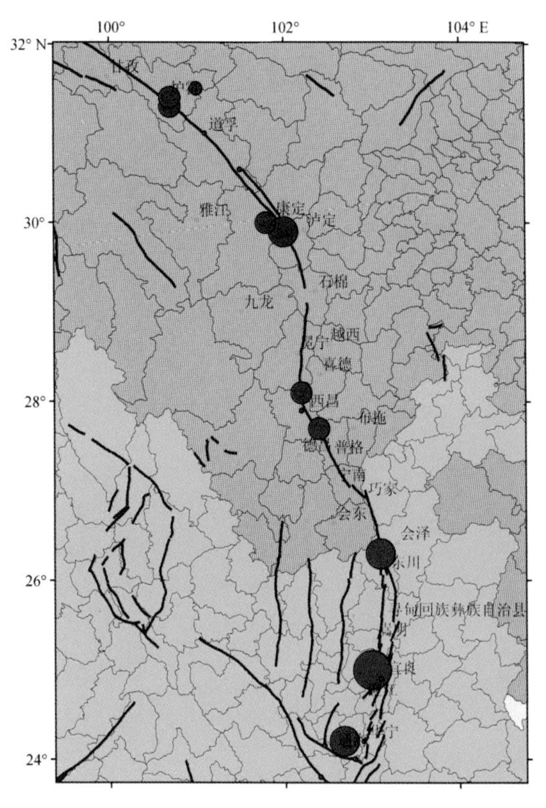

图 4－4　鲜水河—小江断裂带特征地震的空间分布

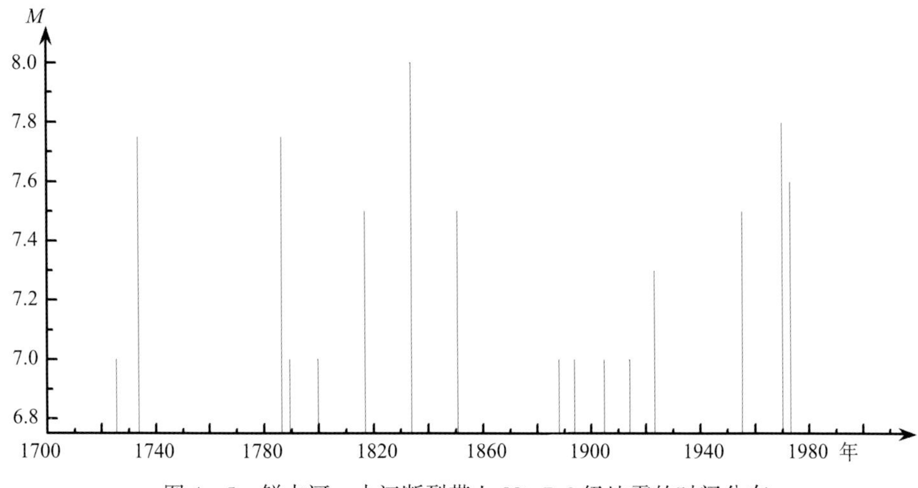

图 4－5　鲜水河—小江断裂带上 $M \geq 7.0$ 级地震的时间分布

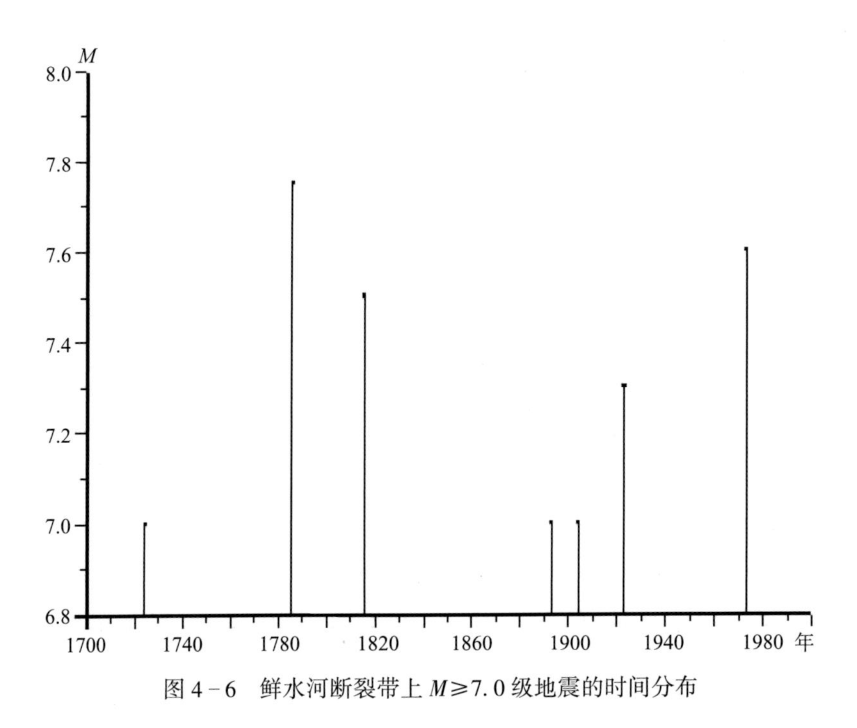

图 4-6　鲜水河断裂带上 $M\geqslant7.0$ 级地震的时间分布

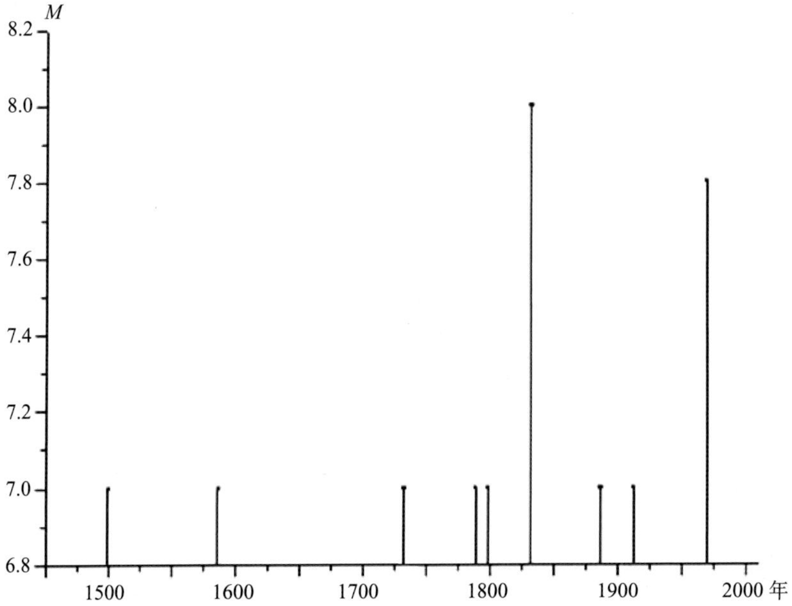

图 4-7　小江断裂带上 $M\geqslant7.0$ 级地震的时间分布

4.5　本章小结

本章比较分析了现今常用地震发生模型的方法及其适宜性；借鉴以往研究成果，提出了为指定发震断层选定地震发生模型的方法和步骤；联合历史地震和探槽确定古地震增补的地震序列，分析了鲜水河—小江断裂带的特征地震模型，分段给出了其上未来可能发生的特征地震震级和平均复发间隔。

第 5 章 近断层场地地震地表永久位移估计

5.1 引言

震害调查表明，近场的结构破坏不仅由地震动引起，地表破裂或永久位移引起的破坏也占很大比重。地表永久位移的合理估计是工程结构抗位移设计的前提，当堤坝和桥梁工程位于活动断层附近区域时，如何估计地表永久位移是工程地震学科中面临的一个重要问题[107]。虽然普通工程结构难以抵御大震时的地表永久位移作用，但活动断层引起的永久位移估计对重要工程选址、灾害预测、地震应急有重大意义[35]。

尽管地震发生地点具有很强的不确定性，但中强地震多发生在主干断裂上，其中主干断裂发生 6 级地震占 76%，7 级占 87%，8 级占 94%[101]。所以地震地表永久位移的研究主要集中在活动断层上。对于活动断层的地震地表永久位移的研究主要有确定性分析方法和概率分析方法。虽然地震地表破裂和永久位移的确定性分析方法已经有了很大的进展，但它需要大量的现场工作和巨量的数值分析工作确定未来地震的位置、震级、断层破裂尺度、同震位移；需要测地学和地球物理学方法确定场址周围地壳内的构造应力场；需要流变摩擦学和大型试验确定深层岩土材料的破坏准则，这样也限定了确定性方法在一般工程中的广泛应用[102]。

本章基于 Cornell[114] 地表地震动框架的地表永久位移的概率分析方法和设定地震分析方法，其中考虑了震级-破裂尺度关系、永久位移分布模式、永久位移衰减模型，提出了近断层场地地震地表永久位移评估方法。

5.2 方法介绍

近断层场地地震地表永久位移评估方法的具体步骤分两种情况来定，若活动断层上的地震发生模型属于泊松分布或丛集模式，步骤为下面的①、②、③；若活动断层具有特征地震或准特征地震特点，则直接将特征地震的结果用于下面第③步。具体步骤如下：①充分搜集工程场地所在区域的地震地质调查资料和地震活动性资料，结合第五代区划图中的潜在震源区参数，进行场地地震危险性分析。②分析上述地震危险性计算结果，得到不同超越概率对应设定地震的等效震级和震中距，同时也可确定工程场地附近对其起主要影响作用的发震断层，确定该断层模型参数。③建立断层附近场点永久位移估计的模型，以上述选定发震断层为研究对象，设定地震的震级和震中距或者特征地震结果作为输入，进一步确定模型参数并进行模拟分析[35]。

拟定工程场地附近的断层宽度为 W，长度为 L，倾角为 δ，伸展到地面深度则为

$H = W\sin\delta$，几何特征见图5－1a。假设图5－1b中三角形标志为断层附近的工程场点。对该工程场点进行地震危险性分析计算，得到不同超越概率水准下设定地震的等效震级 $\overline{M}$ 和震中距 $\overline{R}$。设定地震即位于以场点为中心，半径为 $\overline{R}$ 的圆上，震中距为 R（图5－1b）。

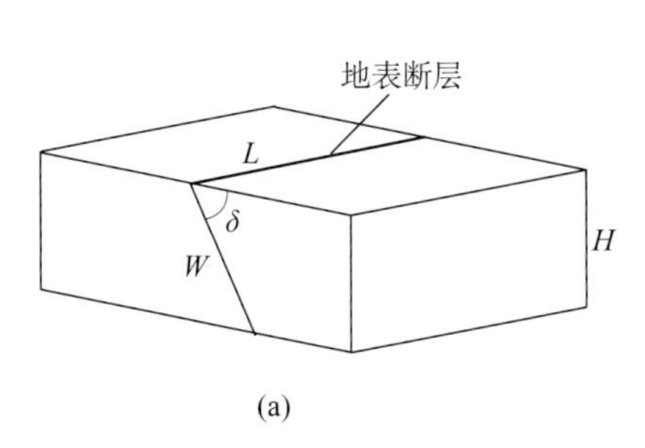

(a)

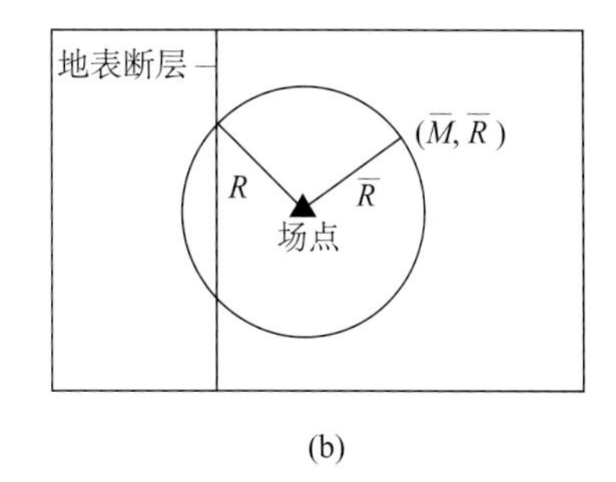

(b)

图5－1 分析模型

（a）模型的几何特性；（b）断层、场点、设定地震之间的位置关系

5.2.1 永久位移概率评估方法

断层上的地震引起的永久位移概率估计，直接采用了地震动危险性概率方法的框架[117,134,143]。所不同的有两点，其一，场点地震动是场点周围断层所有潜在地震的贡献，而场点的地表永久位移仅是该断层的贡献；其二，断层发生的所有地震对场点的地震动均有贡献，而仅有少数较大震级的地震对场点永久位移有贡献。因此，处在一条断层上的场点发生大于位移水平 d 的年超越概率 $p(d)$ 为，

$$p(d) = \nu(m_0)\int_{m_0}^{m_u} f(m)\left[\int_0^{\infty} f(r|m)\cdot P(slip|m, r)\cdot P(D_{\text{site}} > d|m, r, slip)\cdot \mathrm{d}r\right]\cdot \mathrm{d}m \tag{5-1}$$

式中，$\nu(m_0)$ 是断层上震级在 $(m_0 \sim m_u)$ 之间的地震年平均发生率；$f(m)$ 是震级 m 的概率密度函数；$f(r|m)$ 是发生震级 m 的地震与场点间距离的概率密度函数；$P(slip|m, r)$ 是给定震级 m 和距离 r 下的地表出现破裂的概率，$P(D_{\text{site}} > d|m, r, slip)$ 是给定震级 m 和距离 r，且已知地表破裂条件下的场点发生大于位移水平 d 的年超越概率。

为了计算方便，式（5－1）中的 $f(m)$ 可按震级 $m_i(i = 1, 2, \cdots, N)$ 进行离散；同时工程实践中经常把断层假定为一矩形，断层的几何尺度见图5－1。场点的坐标为 (x_0, y_0)，震源破裂面的中心坐标 (x, y)，则式（5－1）可改写为，

$$p(d) = \nu(m_0)\sum_{i=1}^{N} P(m_i)\iint_{x,\ y\in L,\ W} f(x, y|m_i)\cdot P(slip|m_i, x, y) \cdot P[D_{\text{site}}(x_0, y_0) > d|m_i, x, y]\cdot \mathrm{d}x\mathrm{d}y \tag{5-2}$$

式中，$f(x, y \mid m_i)$ 是 $f(r \mid m)$ 震级离散和 Descartes 坐标下的一种表示方式，表示的是从场点 (x_0, y_0) 到震级为 m_i 的震源破裂面中心 (x, y) 分布的概率密度函数，假定地震在整个断层上均匀分布。本书不考虑地震与断层间的悖论，假定断层引起了地震，且地震破裂面均限定在断层尺度范围内（图 5－1a），且有，

$$f(x, y \mid m_i) = \frac{L(m_i) \cdot W(m_i)}{L \cdot [W - H_i/\sin(\delta)]} \equiv \lambda_i \tag{5-3}$$

式中，$L(m_i)$ 是震级为 m_i 的地震引起破裂面的长度；$W(m_i)$ 是震级为 m_i 的地震引起破裂面的宽度，两者均与震级有关；H_i 是震级 m_i 的地震平均震源深度。式（5－2）中，地表出现破裂的概率 $P(slip \mid m, r)$ 的表达式为：

$$P(slip \mid m_i, x, y) = \begin{cases} 1 & \begin{cases} x_0 - L(m_i) < x < x_0 + L(m_i) & y = y_0 - \frac{1}{2}W(m_i), \ if(x_1 - x_0) \geqslant L(m_i) \\ x_0 - L(m_i) < x < x_1 & y = y_0 - \frac{1}{2}W(m_i), \ if(x_1 - x_0) < L(m_i) \end{cases} \\ 0 & \text{其他} \end{cases} \tag{5-4}$$

把式（5－3）和式（5－4）代入式（5－2），有

$$\left. \begin{array}{l} p(d) = \nu(m_0) \sum_{i=1}^{N} P(m_i) \cdot \lambda_i \int_{LC} P[D_{\text{site}}(x_0, y_0) > d \mid m_i, x, y] \cdot \mathrm{d}x \\ \begin{cases} x_0 - L(m_i) < x < x_0 + L(m_i) & y = y_0 - \frac{1}{2}W(m_i) \quad if(x_1 - x_0) \geqslant L(m_i) \\ x_0 - L(m_i) < x < x_1 & y = y_0 - \frac{1}{2}W(m_i) \quad if(x_1 - x_0) < L(m_i) \end{cases} \end{array} \right\} \tag{5-5}$$

如果把震源破裂面中心离散化，式（5－5）变为，

$$p(d) = \nu(m_0) \sum_{i=1}^{N} P(m_i) \cdot \lambda_i \cdot \frac{1}{NL} \sum_{j=1}^{NL} P[D_{\text{site}}(x_0) > d \mid m_i, x_j] \tag{5-6}$$

式中，

$$y = y_0 - \frac{1}{2}W(m_i)$$

$$x_0 - L(m_i) < x < x_0 + L(m_i) \qquad ((x_l - x_0) \geqslant L(m_i))$$

$$x_0 - L(m_i) < x < x_i \qquad ((x_l - x_0) < L(m_i))$$

假定已知地震地表破裂最大位移 $d_{\max}$ 与震级 m_i 的统计关系，且沿断层各点永久位移的统计方差相等，当断层永久位移沿断层分布如图 5-2 时，式（5-6）简化为，

$$p(d) = \nu(m_0)\sum_{i=1}^{N} P(m_i)\cdot\lambda_i\cdot\xi_i\frac{L_{\mathrm{R}}(m_i)}{L(m_i)}\cdot P[D_{\mathrm{site}}(x_0) > d_{\max}|m_i] \tag{5-7a}$$

式中，

$$\xi_i = \begin{cases}\kappa_i & (x_1 - x_0) \geqslant L(m_i)\\ \dfrac{L(m_i) + (x_1 - x_0)}{2L(m_i)}\kappa_i & (x_1 - x_0) < L(m_i)\end{cases} \tag{5-7b}$$

式中，$L_{\mathrm{R}}(m_i)$ 是震级 m_i 的地震引起的地表破裂长度，当永久位移沿断层的分布分别为图 5-2a～c 时，κ_i 的值分别为 1、0.5 和 $\kappa_i \in (0.5,\ 1.0)$ [104]。

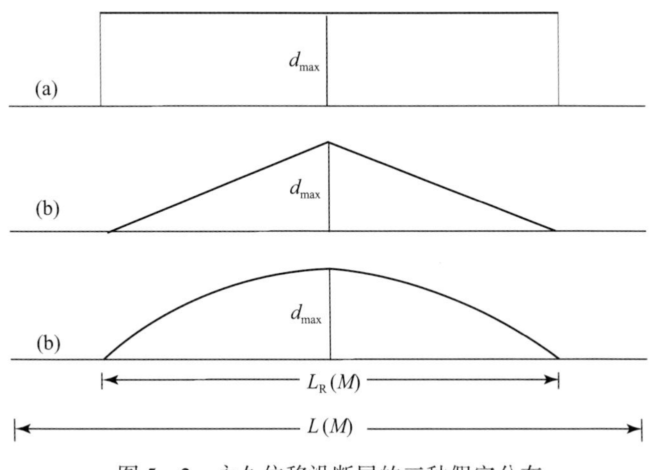

图 5-2　永久位移沿断层的三种假定分布

5.2.2　应用特征地震模型的永久位移概率估计

断层上的特征地震是整个断层上的一个地震，下一个地震的可能性依赖上一次地震发生后的流逝时间。这样的过程可以建立一步记忆模型，回归期的对数正态分布附加上一次地震发生后的流逝时间 t_0。在上述永久位移概率分析的基础上，仅考虑断层上特征地震时，式（5-7）变为

$$p(d,\ t|t_0) = n(t|t_0)\cdot\lambda\cdot\xi\frac{L_{\mathrm{R}}(m)}{L(m)}\cdot P[D_{\mathrm{site}}(x_0) > d_{\max}|m] \tag{5-8a}$$

其中，

$$\xi_i = \begin{cases} \kappa_i & (x_1 - x_0) \geqslant L(m_i) \\ \dfrac{L(m_i) + (x_1 - x_0)}{2L(m_i)}\kappa_i & (x_1 - x_0) < L(m_i) \end{cases} \tag{5-8b}$$

$$n(t|t_0) = \int_0^t \rho(\tau, t_0)\mathrm{d}\tau \tag{5-8c}$$

式中，$\rho(\tau, t_0)$ 为特征地震 m 的发生率。地表破裂长度与震级的关系采用已经存在的按断裂性质描述的破裂经验关系，见式（5-9）至式（5-11）；现阶段地表永久位移分布与震级关系使用较多的是 Wells 等[150]的模型或 Lee 等[130]的模型，其中 Wells 等[150]的模型给出的关系见式（5-12）。

$$\lg L(m) = a + bm \tag{5-9}$$

$$\lg W(m) = c + dm \tag{5-10}$$

$$\lg L_{\mathrm{R}}(m) = e + fm \tag{5-11}$$

$$\lg d_{\max}(m) = g + hm + f(R, m^2, \text{Source}, \text{localcondition}\cdots) \quad (\sigma = c) \tag{5-12}$$

式中，m 为震级；L、W 分别为震源破裂面的长度、宽度；L_{R} 为地表破裂长度；$d_{\max}$ 为断层上最大地表永久位移。

5.2.3 设定地震的确定

在确定永久位移衰减模型的输入参数时，需要确定未来可能发生地震的震级和震中距，我们可以取第 4 章中通过研究地震发生模型确定的特征地震，也可以用基于地震危险性概率分析得到的设定地震。考虑到本书目的在于验证方法的有效性，因此本章计算时选用地震危险性概率分析得到的设定地震。

以地震危险性概率分析为基础确定设定地震具体的等效震级、震中距，本章采用最大概率法设定地震，具体技术思路如图 5-3。

根据设定地震震级和震中距确定方法的不同，可将现有设定地震方法归纳为两种：加权平均法和最大概率法[103,106]。前者虽然强调了设定地震的典型性，但可能使设定地震在场地产生的地震动幅值不同于设防标准[105]。而后者可避免前述缺点，因此本书采用最大概率法，即在所有潜在震源区中选取对场点地震动贡献最大的潜源作为设定地震的初选区域，在最大贡献潜在震源区中选取使场点产生一定水平地震动的概率最大的震级和距离作为设定地

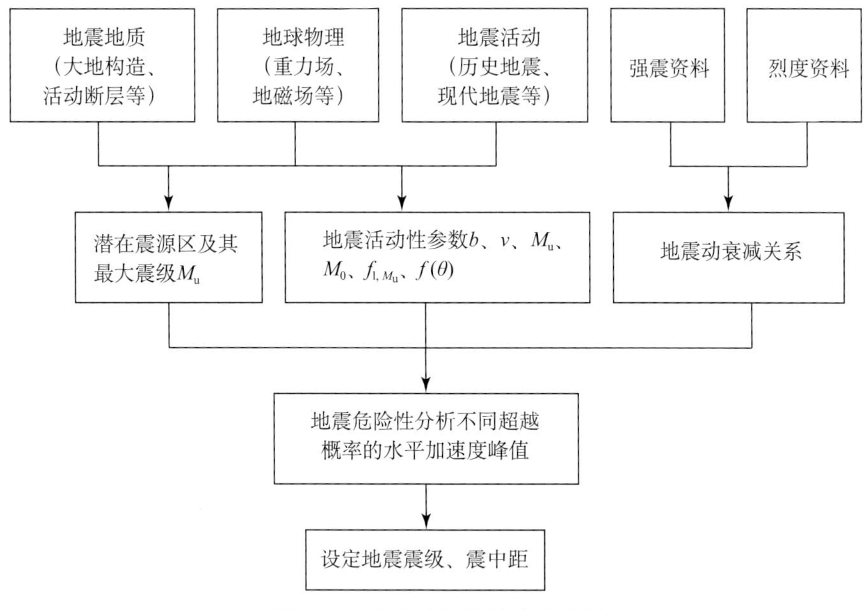

图 5-3　设定地震的技术流程图

震的震级和震中距。

最大概率法以 McGuire[134] 为代表，在计算超越概率公式中考虑了衰减关系的随机误差，并采用地震震级、震中距和衰减关系随机误差三个参数来描述设定地震，取

$$P[Y \geqslant y(m, r, \varepsilon)] = \delta[\ln Y(m, r, \varepsilon)] = \begin{cases} 1 & \text{当 } \ln Y(m, r, \varepsilon) = \ln y \text{ 时} \\ 0 & \text{当 } \ln Y(m, r, \varepsilon) \neq \ln y \text{ 时} \end{cases} \tag{5-13}$$

该方法通过定义地震危险曲线特定年超越概率地震动幅值相联系的期望距离和期望震级来实现，称为“控制地震”，相应距离和震级称为有效震级和有效距离。该方法首先确定地震设防标准 p_0，计算超越概率为 p_0 的地震动强度 $y(p_0)$，然后确定最大贡献潜在震源区。为了保证设定地震反应谱能够代表研究场点地震动频谱特性，分别采用 0.1s 和 1.0s 衰减规律考察最大贡献潜在震源区。当所有周期点的危险性由一个潜在震源区的地震控制时，仅用单个设计地震来代表整条反应谱；当不同周期点的危险性分别由不同潜在震源区控制时，则采用几个设计地震来代表整条反应谱[106]。有效震级、震中距的计算公式如下：

$$M = \sum M \cdot P[Y \geqslant y(p_0) \mid M] \cdot P[M] \tag{5-14}$$

$$R = \sum_r R \cdot P[Y \geqslant y(p_0) \mid R] \cdot P[R] \tag{5-15}$$

5.2.4　断层模型参数

1. 断层的几何模型

研究断层属于圈定的主要活动断层和活动段时，依据所研究断层的已有地质和水文地质资料、目测判断、物探作业结果确定断层几何学模型参数，如断层宽度、长度、走向、倾向、倾角；对于隐伏地震活动断层，还应包括上断点埋深、断层迹线在地表的垂直投影位置[66]。

2. 破裂与震级的统计关系

破裂的尺度随地震震级指数增长，但沿断层长度和宽度的增长率依赖地震潜源类型。考虑到本书目的在于验证方法的有效性，因此直接采用 Wells[148]全球范围的地震、所有断层类型数据拟合的经验关系。

$$\lg L_{R}(M) = 0.59M - 2.44 \qquad \sigma = 0.16 \tag{5-16}$$

$$\lg W_{R}(M) = 0.32M - 1.01 \qquad \sigma = 0.15 \tag{5-17}$$

式（5－16）由 167 个地震数据最小二乘拟合子集的数据得到，式（5－17）由 153 个地震数据最小二乘拟合子集的数据得到，震级范围均为 4.8～8.1[35,101]。理论上，震级处于 4.0～4.7 范围是不可靠的，但本章假定上两式在 4.0～4.7 亦有效[35,101]。

Lee[130]指出由于地震构造区不同，破裂的特性也有较大的区别。我国地震记录很多，不同学者的统计关系差别也较大，造成这样的原因主要是量化指标很少。基于我国不同类型地震的现场调查细则、震级与破裂间经验关系的研究正在进行中。

5.2.5　永久位移衰减模型

对于断层附近永久位移模型的建立，许多学者已作了一些研究，目前较成熟的模型是 Wells 和 Coppersmith[148]模型、Lee 等的 $d_{max}(M)$ [128]模型。其中，Wells 和 Coppersmith 模型是指数线性的，该模型将断层上的地表最大永久位移描述为震级的函数，既给出了不同类型断层分别对应的函数，也给出了所有类型断层对应的函数，其所用数据源于全球，共搜集了 148 个震级 5.2～8.1 间的地震。

而 Lee 等的 $d_{max}(M)$ 模型则利用震级、震中距、传播特性、不同地质单元和局部场地条件的组合效应来评估断层上的最大永久位移。该模型由地表位移最大值的强地面运动数据的多步回归导出。其中，模型数据来源于美国西部 2000 个三分量加速度记录值，并对其做了一些限制，使断层上的估计位移和断层错动数据一致。根据物理源模型的推算，该模型适用于所有震级，且在预测震源附近随距离的衰减时，与位错辐射理论模型的结果一致。

本书选择 Lee 等的模型是因为它与地面运动危险性预测模型是一致的。对于那些对地面震动和静态位移都敏感的结构来说，这种一致性非常重要。同时，由于地面运动振幅和永久位移预测中的不确定性较大，为了对不同灾害及其对结构的影响结果作有意义的对照和加权，模型的相容性是很必要的。

下面详细描述 Lee 的震级+场址+土壤+岩石路径模型，本章将此模型用于地震危险性分析。假定地表对称破裂，只需对断层一边地表处的点作研究即可，该点的最大位移为 d_{max}。d_{max} 沿断层而变化，也可能是间断的，假定模型中的 d_{max} 表现为沿断层一致。对于震中距 $R<140$km，Lee 等给出了 d_{max} 的表达式（5－18），单位为 cm。

$$\lg d_{max} = M - 2.2470\lg(k/L_R) + 0.6489M + 0.0518s - 0.3407v - 2.9850 - 0.1369M^2 + (-0.0306S_L^2 + 0.2302S_L^2 + 0.5792S_L^3) + [-0.3898r - 0.2749(1-r)]R/100 \quad (5-18)$$

式中，M 是震级；R 是震中距（km）；k 是“代表性”震源到场址的距离，此概念由 Gusev[123] 首次提出。他指出 k 随物理距离和破裂尺寸而定，并定义为 $k(R, H, M)$，其中 H 为震源深度；L_R 是破裂长度；v 是运动方向指针（$v=0$ 为水平运动，$\nu=1$ 为竖向运动）；r 是水平波通过岩石的比率；s 是场地条件指针（$s=0$ 指沉淀物，$s=2$ 指岩石，$s=1$ 指场地条件不能明确归为前两类）；S_L^1、S_L^2 和 S_L^3 是场地土壤条件，与场地土参数有关（土壤条件为岩石或硬土时，$S_L^1=1$，其他情况 $S_L^1=0$；土层较厚时，$S_L^2=1$，其他情况 $S_L^2=0$；较厚的非黏性土时，$S_L^3=1$，其他情况 $S_L^3=0$）。

Gusev[121] 首次提出了“代表”震源到场址的距离的概念，它随物理距离和破裂尺寸而定，被定义为式（5－19）：

$$k = S\left(\ln\frac{R^2 + H^2 + S^2}{R^2 + H^2 + S_0^2}\right)^{-\frac{1}{2}} \quad (5-19)$$

式中，H 为震源深度；S 为震源尺度；S_0 为震源相关半径。震中距较小时（$R<5$km），震源尺度 S 定义为式（5－20）：

$$S = \begin{cases} 0.0729(5.5 - M)10^{0.5M} & M < 4.5 \\ -25.34 + 8.51M & 4.5 \leqslant M \leqslant 7.25 \end{cases} \quad (5-20)$$

震源相关半径 S_0 随能量释放频率和震源距而定，Gusev 和 Lee 把 S_0 近似为：

$$S_0 \sim \beta T/2 \quad (5-21)$$

式中，β 为震源区的剪切波速；T 为主要波的运动周期。波的形状随震源距和拐角频率 f_1 和 f_2 而定，拐角频率与破裂长度 L_R 和宽度 W_R 有关。根据对强地面运动的统计研究，对于单侧断裂来说，f_1 与总的破裂持时 τ_1 有关，f_2 与位错扩展到整个破裂宽度的时间 τ_2 有关，如下式：

$$\tau_1 \sim \frac{1}{f_1} = L_R/2.2 + W_R/6 \tag{5-22}$$

$$\tau_2 \sim 1/f_2 = W_R/6 \tag{5-23}$$

为了估计最大位移，Lee 等在震源相关半径的评估中采用主导周期 $T \approx \tau_1/2$ 到 $\tau_1/3$，且 $\beta \approx 3\text{km/s}$，此时有下式：

$$S_0 = \frac{1}{2}\min(S_f,\ S) \tag{5-24}$$

式中，S 是震源尺度，由式（5－20）给出；S_f 表示为式（5－25）：

$$S_f = \begin{cases} L_R(M) & M < 3.5 \\ L_R(M)/2.2 + W_R(M)/6 & 3.5 < M \leqslant 7 \\ L_R(M_{max})/2.2 + W_R(M_{max})/6 & M > M_{max} = 7 \end{cases} \tag{5-25}$$

式中，$L_R(M)$ 和 $W_R(M)$ 在式（5－16）和式（5－17）中已给出。

5.3　适宜性分析

Lee 等的永久位移衰减模型能否应用于我国断层地表永久位移的分析中，关键在于它所描述的永久位移分布模式与我国的断层地震永久位移分布是否相似。该模型的数据来源于美国西部 2000 个三分量加速度记录值，图 5－4 列出了其分析的几条主断裂上的永久位移分布情况。由于汶川地震中地表破裂的数据比较全面，此处选取其主破裂带作为典型代表进行统计，与 Lee 的模型中的永久位移分布作比较。

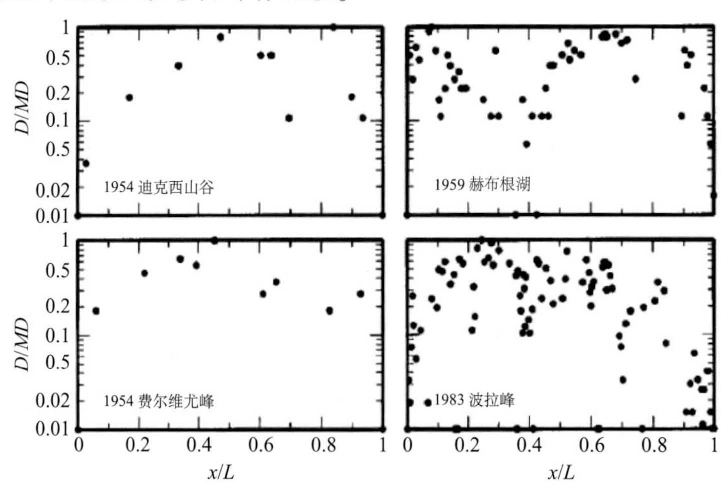

图 5－4　Lee 模型中的 4 条断裂上的地表永久位移分布图

汶川地震地表破裂带主要分三部分，映秀—北川地表破裂带、通济—睢水地表破裂带，以及小鱼洞地表破裂带。映秀—北川地表破裂带是汶川地震的主要破裂带，处于龙门山中央断裂带上，全长达 260km 以上，最大地表破裂永久位移为 84m[101]。

利用 2008 年汶川地震科学考察中沿地震破裂带上 15 个破裂点的震害调查资料，对主断裂的地震地表破裂永久位移分布进行了统计，得到沿断裂带的地表永久位移分布图，见图5－5。

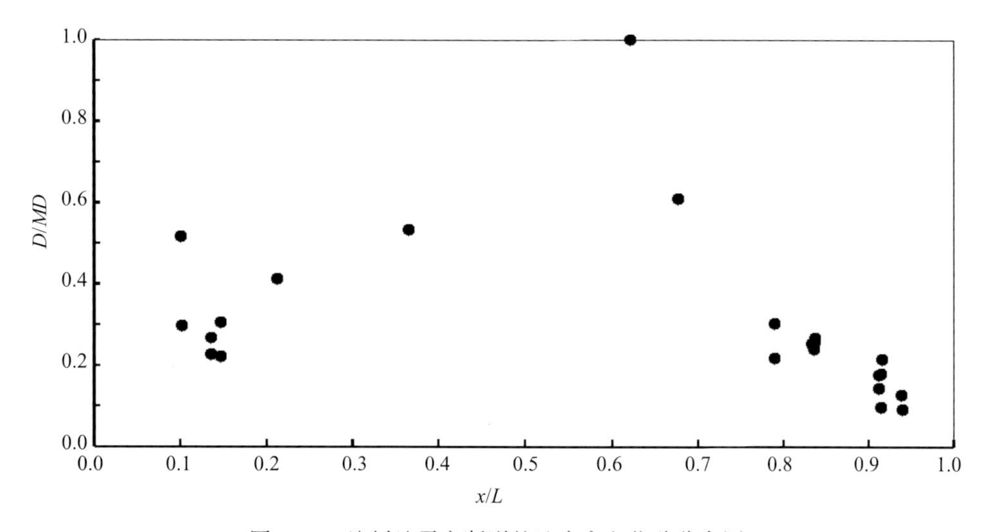

图 5－5　汶川地震主断裂的地表永久位移分布图

Lee 的永久位移衰减模型分析的永久位移分布模式（图 5-4）有一定规律性，其大致趋势是以最大永久位移为中心，向两边扩展，永久位移逐渐减小，直到趋于零。由图 5-5 可以看出，汶川地震中主断裂上的地表永久位移分布模式也呈现类似趋势。由此，认为最大永久位移估计方法可以用于以汶川地震中的破裂带为代表的西部活动断裂上的地表永久位移的评估。

5.4　算例分析

应用上述方法，本书以大岗山水坝工程为例进行计算。大岗山水坝位于四川省石棉县挖角乡的大渡河河段上，坝址的地理坐标是：29°26′49″N、102°13′02″E。

5.4.1　设定地震的确定

基于历史地震重演和构造类比两条基本原则，结合第五代区划图[22]的潜在震源区参数，确定了该工程区域内潜在震源区及其参数。区域内潜在震源区和主要断裂分布如图 5－6。

根据确定的潜在震源区、地震活动性参数，对该工程场地进行地震危险性分析，得到 50 年超越概率 63%、10%、2%和 100 年超越概率 2%的基岩水平地震动加速度反应谱值，基岩水平向峰值加速度计算结果如表 5－1。

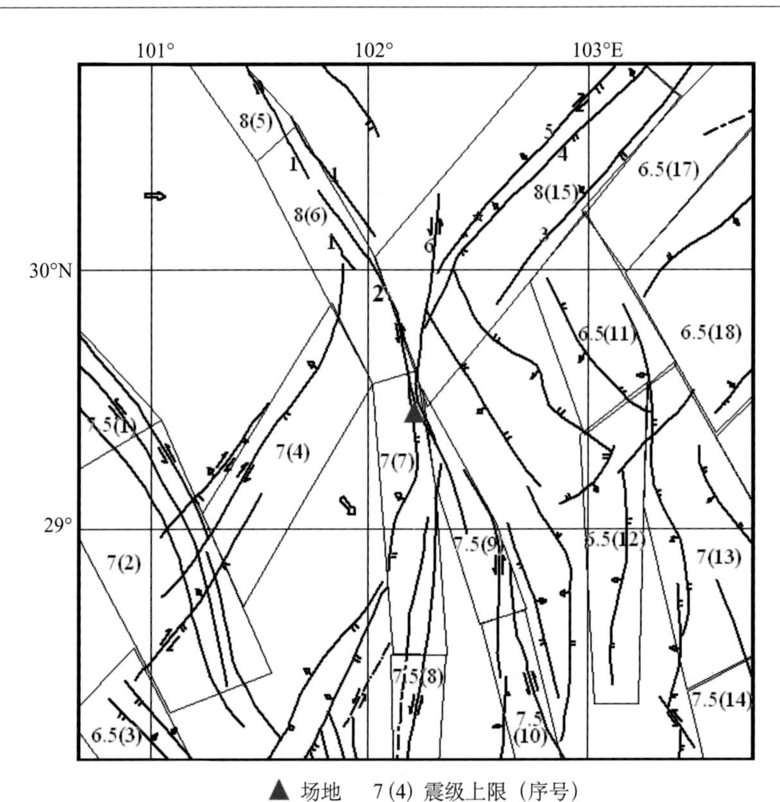

▲ 场地　7 (4) 震级上限（序号）

1. 鲜水河断裂；2. 磨西断裂；3. 龙门山前山断裂；4. 龙门山主中央断裂；
5. 龙门山后山断裂；6. 大渡河断裂

图 5 - 6　潜在震源区和主要断裂分布图

表 5 - 1　基岩水平向峰值加速度

超越概率	50 年 63%	50 年 10%	50 年 2%	100 年 2%
峰值加速度/Gal	63	228	434	540

依据《水工建筑物抗震设计规范》，本工程的设计地震加速度代表值的概率水准应取 100 年超越概率 2%，表 5 - 2 给出了基岩水平峰值加速度起主要贡献的潜在震源区及其贡献百分比值。

表 5 - 2　主要潜在震源区对场点 100 年超越概率 2%地震动峰值加速度的贡献

潜源区编号	6 号源	其他
贡献值/%	99	1

结果表明，6 号潜在震源区对场点有主要贡献。由图 5 - 6 可看到，在 6 号潜在震源区内主要是磨西断裂。从而，可确定对本工程场地起主要影响作用的为磨西断裂。

表 5－3 给出了对应于 50 年超越概率 63%、10%、2%和 100 年超越概率 2%的设定地震的震级和震中距的值。此结果作为本书断层附近最大永久位移估计模型的输入。

表 5－3　不同超越概率下设定地震的震级及震中距

超越概率	50 年 63%	50 年 10%	50 年 2%	100 年 2%
等效震级	6.6	7.2	7.5	7.6
等效震中距/km	62.1	39.9	28.8	25.9

5.4.2　断层基础信息

由场点所在区域地震危险性分析结果可知，对工程场点有主要影响的发震断层是鲜水河断裂带上的磨西段，工程场点位于磨西断裂带附近，二者距离约为 5km。在近场范围内，坝址与磨西断裂的空间位置如图 5－7。该断层资料和大震考察资料较丰富[63,100]。

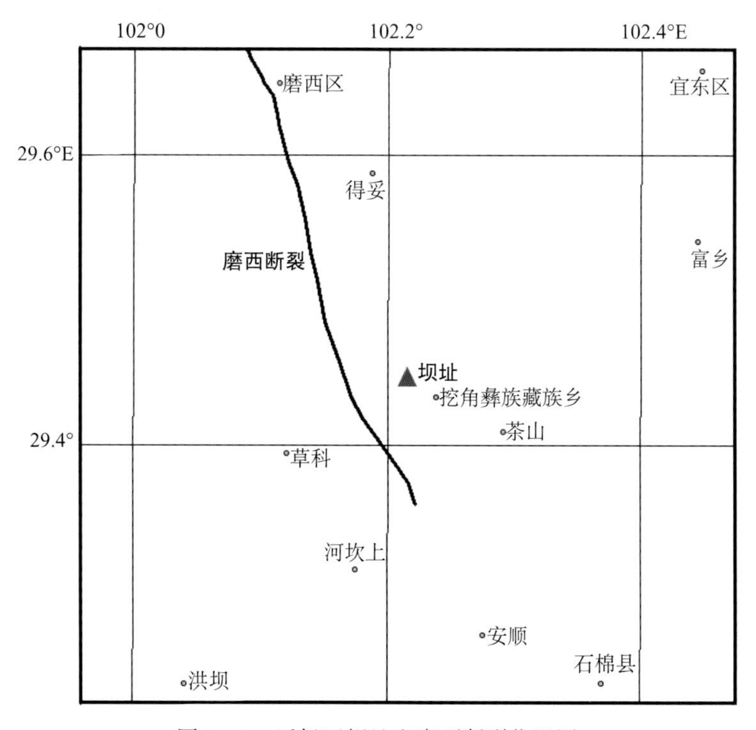

图 5－7　近场区坝址和磨西断裂位置图

磨西断裂为一条全新世活动断裂，总体走向 N20°W 到 N40°W，倾向 SW 或 NE，倾角 60~80°，总长 150km，断层活动方式以左旋走滑为主。根据地质调查分析，磨西断裂平均水平滑动速率为 8±2mm/a 之间。野外考察和室内显微构造分析可知，该断裂出露有糜棱岩、破碎岩和断层泥，更多的是叠加有碎裂岩和糜棱岩两种结构特征的断层岩。

5.4.3　计算模型的参数确定及计算结果

1. 参数确定

根据已有关于磨西断裂的地震地质调查资料和分析结果，以及场点所在区域的地震危险性计算结果，可确定式（5－18）中所需的参数，参数见表5－4。

表5－4　计算参数列表

超越概率	M	$\delta(°)$	s	v	S_L^1	S_L^2	S_L^3	r
50年63%	6.6	70	2	0	1	0	0	1
50年10%	7.2	70	2	0	1	0	0	1
50年2%	7.5	70	2	0	1	0	0	1
100年2%	7.6	70	2	0	1	0	0	1

上述参数带入式（5－18）后，断层附近最大位移 d_{max} 的表达式为：

$$\begin{aligned} \lg d_{max} = & M - 2.2470\lg[k(M,\ R,\ H = W_R \sin\delta)/L_R] \\ & + 0.6489M + 0.0518*2 - 2.9850 - 0.1369M^2 \\ & - 0.0306 - 0.003898R - 0.0090 \end{aligned} \qquad (5-25)$$

$$\sigma = 0.3975$$

2. 计算结果

通过计算，给出了磨西断裂附近场点在不同超越概率对应的设定地震下，地表最大永久位移随震中距变化的曲线，图5－8为不同超越概率对应的设定地震下断层上水平向最大位移，图5－9为不同超越概率对应的设定地震下断层上竖向最大位移。

从水平向最大位移的计算结果（图5－8）中可看出，4个概率水准下水平向最大永久位移随震中距变化的整体趋势是一致的，最大永久位移随震中距的增大而逐渐减小，当震中距较小时，位移随震中距的增大而急剧减小，当震中距增到一定值后，永久位移的变化趋缓，并逐渐呈水平状趋近于0。对于有一定长度或宽度的工程结构，可适当选择永久位移变化稳定时相应的震中距值作为工程选址和选取合理断层避让距离的参考值。同时，亦可看到100年超越概率2%对应的断层附近地表永久位移最大，其次为50年超越概率2%、50年超越概率10%及50年超越概率63%，这表明设定地震震级越大其对应的地表永久位移值也越大。由图可看出，当震中距为0，即断层上地表水平向最大永久位移值最大。此时，100年超越概率2%和50年超越概率2%、10%、63%对应的断层最大永久位移分别为937、806、490、220cm，对应的场点处的水平向最大永久位移分别为353、254、81、8cm。

同理，断层上竖向最大位移的计算结果（图5－9）与水平向计算结果表现的趋势是一致的。由图可看出，100年超越概率2%和50年超越概率2%、10%、63%对应的断层上竖向最大永久位移分别为422、364、221、99cm，对应的场点处的竖向最大永久位移分别为161、116、37、4cm。算例结果表现的规律性结论与实际工程是一致的。

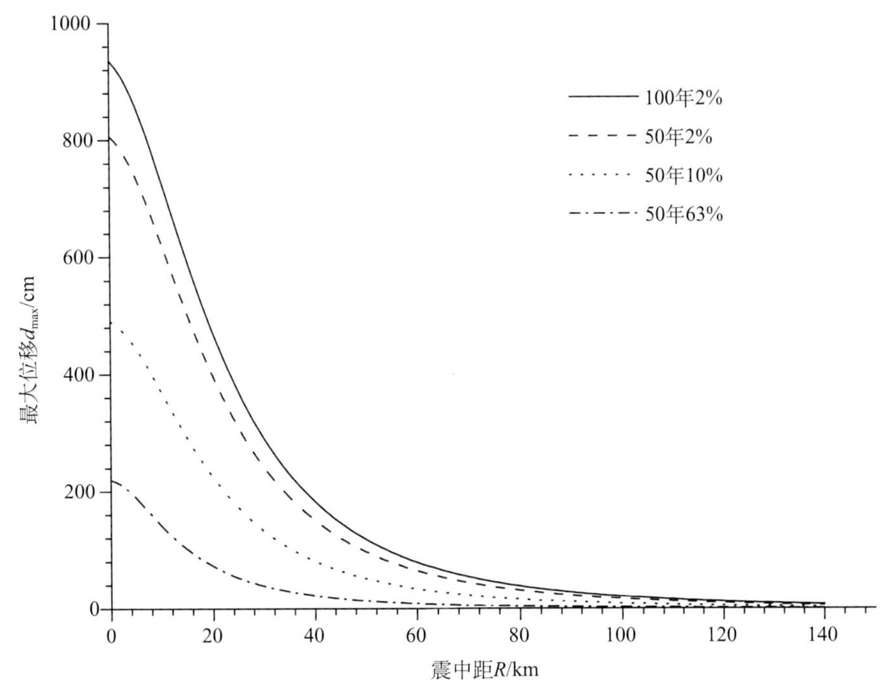

图 5－8　不同超越概率对应的设定地震下断层附近水平向最大位移

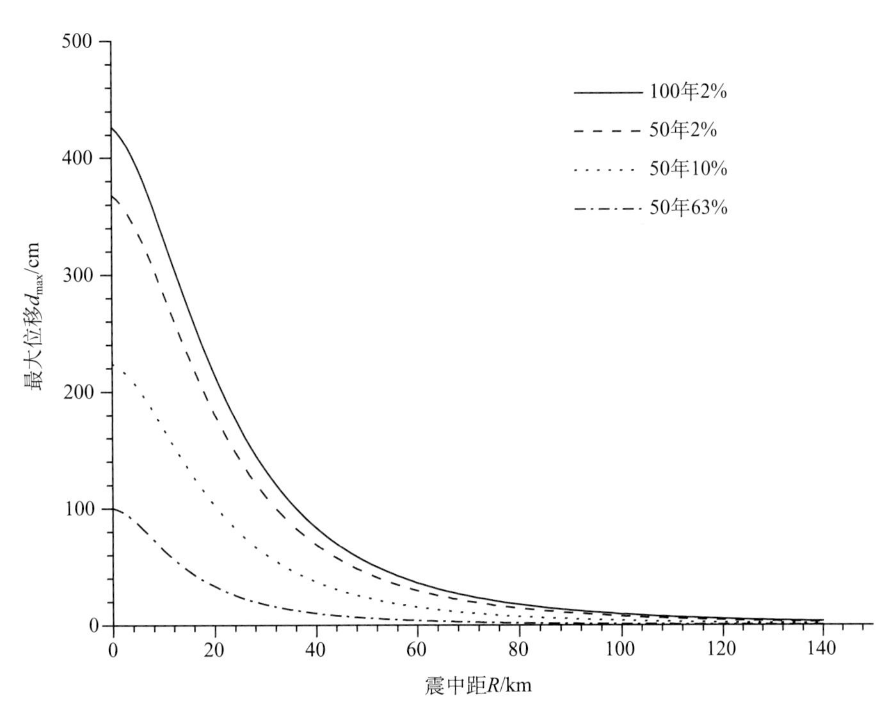

图 5－9　不同超越概率对应的设定地震下断层附近竖向最大位移

5.5　本章小结

本章基于 Cornell 地表地震动框架的地表永久位移的概率分析方法和设定地震分析方法，其中考虑了震级-破裂尺度关系、永久位移分布模式及永久位移衰减模型，提出了近断层场地地震地表永久位移估计方法。统计了汶川地震中的破裂宽度沿破裂带的分布，论证了永久位移分布模式的适用性。对鲜水河断裂带磨西段进行实例分析，得到其近断层场地的最大永久位移估值。

第 6 章　远离断层场地地震地表永久位移估计

6.1　引言

Mindlin 解是美国 Columbia 大学土木工程系 Raymond. D. Mindlin[142] 于 1936 年提出的在各向同性半无限空间弹性均质体表面下某一深度处的垂直和水平集中力影响下的应力场与位移场的理论解[51]。在此基础上，一些学者也导出了不同荷载作用下的应力、位移公式。目前，Mindlin 解常被用于研究单桩工作性能、确定大直径桩墩的承载力、选择桩和板桩墙某些计算方法，进行钻孔底部深层土的载荷试验，以及桩墩基础和埋深越来越大的筏板基础、箱形基础等的沉降分析、地下空间的开发利用[51]，基坑边坡变形等实际工程应用中。本章联系 Mindlin 解析式的原理与地震地表破裂的机理，把 Mindlin 解应用到地震地表永久位移的估计中，为工程实践提供依据。

6.2　方法介绍

应用 Mindlin 解析式，见图 6－1，弹性半空间内点源 P 引起的任一点 Q 的位移为：

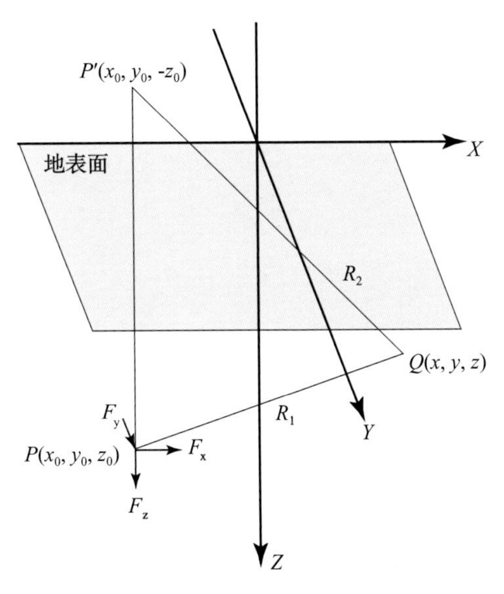

图 6－1　点源及坐标系统

$$u_i = \frac{(1+\mu)}{8\pi E(1-\mu)} D_{ij} F_j \tag{6-1}$$

式中，E 和 μ 分别为材料的杨氏模量和泊松比；D_{ij} 的表达式为

$$\begin{aligned}
D_{11} &= \frac{3-4\mu}{R_1} + \frac{1}{R_2} + \frac{2zz_0}{R_2^3} + \frac{4(1-\mu)(1-2\mu)}{R_2+z+z_0} \\
&\quad + (x-x_0)^2\left[\frac{1}{R_1^3} + \frac{3-4\mu}{R_2^3} - \frac{6zz_0}{R_2^5} - \frac{4(1-\mu)(1-2\mu)}{R_2(R_2+z+z_0)^2}\right] \\
D_{21} &= D_{12} = (x-x_0)(y-y_0)\left[\frac{1}{R_1^3} + \frac{3-4\mu}{R_2^3} - \frac{6zz_0}{R_2^5} - \frac{4(1-\mu)(1-2\mu)}{R_2(R_2+z+z_0)^2}\right] \\
D_{31} &= (x-x_0)\left[(z-z_0)\left(\frac{1}{R_1^3} + \frac{3-4\mu}{R_2^3}\right) - \frac{6zz_0(z+z_0)}{R_2^5} + \frac{4(1-\mu)(1-2\mu)}{R_2(R_2+z+z_0)}\right] \\
D_{22} &= \frac{3-4\mu}{R_1} + \frac{1}{R_2} + \frac{2zz_0}{R_2^3} + \frac{4(1-\mu)(1-2\mu)}{R_2+z+z_0} \\
&\quad + (y-y_0)^2\left[\frac{1}{R_1^3} + \frac{3-4\mu}{R_2^3} - \frac{6zz_0}{R_2^5} - \frac{4(1-\mu)(1-2\mu)}{R_2(R_2+z+z_0)^2}\right] \\
D_{32} &= (y-y_0)\left[(z-z_0)\left(\frac{1}{R_1^3} + \frac{3-4\mu}{R_2^3}\right) - \frac{6zz_0(z+z_0)}{R_2^5} + \frac{4(1-\mu)(1-2\mu)}{R_2(R_2+z+z_0)}\right] \\
D_{13} &= (x-x_0)\left[(z-z_0)\left(\frac{1}{R_1^3} + \frac{3-4\mu}{R_2^3}\right) + \frac{6zz_0(z+z_0)}{R_2^5} - \frac{4(1-\mu)(1-2\mu)}{R_2(R_2+z+z_0)}\right] \\
D_{23} &= (y-y_0)\left[(z-z_0)\left(\frac{1}{R_1^3} + \frac{3-4\mu}{R_2^3}\right) + \frac{6zz_0(z+z_0)}{R_2^5} - \frac{4(1-\mu)(1-2\mu)}{R_2(R_2+z+z_0)}\right] \\
D_{33} &= \frac{3-4\mu}{R_1} + \frac{8(1-\mu)^2-(3-4\mu)}{R_2} + \frac{(z-z_0)^2}{R_1^3} + \frac{(3-4\mu)(z-z_0)^2-2zz_0}{R_2^3} \\
&\quad + \frac{6zz_0(z-z_0)^2}{R_2^5}
\end{aligned} \tag{6-2}$$

现在考虑一有限断层模型，断层走向为 Y 方向，倾角为 α ，震源破裂面为 $L\times W$ 矩形平面，上断点埋深为 H_{SD}，见图 6 - 2。

以一逆断层为例，破裂性质为倾滑，断层破裂带的厚度为 h。见图 6 - 3

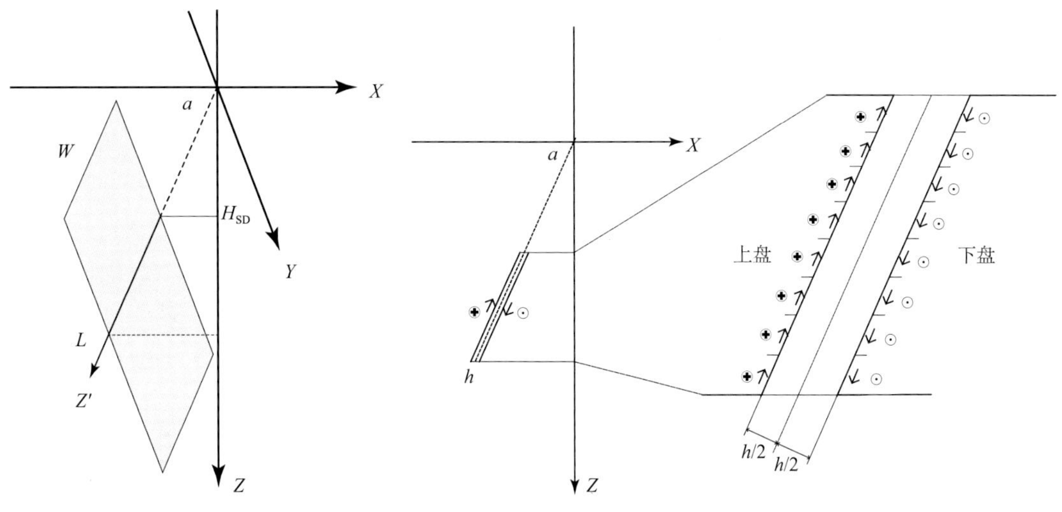

图 6－2　有限震源模型　　　　图 6－3　断层面上的位错分布

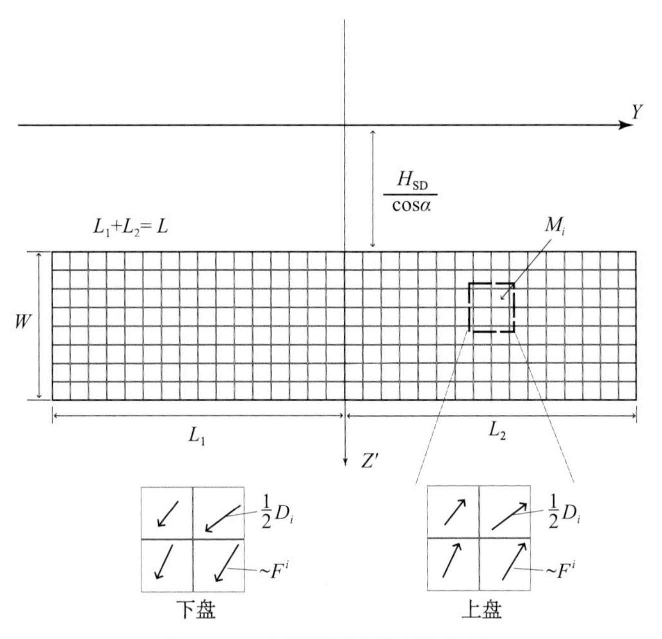

图 6－4　有限断层面的子源划分

断层发生地震的地震矩为 M_0，分别给定某子源 M_i。

$$M_0 = \sum M_i = \sum G_i D_i A_i \tag{6-3}$$

对应于点源力偶 M_i 在两个断层面的集中力为

$$F_j^i = \frac{M_i}{S_j} \tag{6-4}$$

式中，S_j 是与 h 和 α 相关的量。

有限断层发生地震，弹性半空间内任一点 Q 静态位移为，

$$u_i = \frac{(1+\mu)}{8\pi E(1-\mu)} \sum_k S_{ij}^k F_j^k \tag{6-5}$$

6.3　实例计算

本章仍以第 5 章中大岗山水坝工程为算例，运用上述介绍的方法对大坝场址在设定地震下地表永久位移场进行数值计算。

6.3.1　设定地震

此计算模型中设定地震的确定与第 5 章中一样，这里就不再详述，仅简单地列出结论性数据。基于地震危险性分析方法，结合第五代区划图的潜在震源区参数，确定了大坝工程区域内潜在震源区及其参数，分析了该地区的地震危险性。

本工程的设计地震加速度代表值的概率水准应取 100 年超越概率 2%，根据计算结果，确定对坝址 100 年超越概率 2%地震动峰值加速度起主要贡献的潜在震源区。结果表明，对场点有主要贡献的震源区内主要是鲜水河断裂之磨西断裂段。因而，确定对本工程场地起主要影响作用的为鲜水河断裂磨西段，对应其上的设定地震的等效震级为 M_S7. 6，等效震中距为 26km。

6.3.2　有限震源模型参数

1. 断层破裂关系式

断层破裂尺度的关系式仍采用第 5 章中描述的 Wells[150] 全球范围内走滑断层地震数据拟合的经验关系[101]，即式（5 - 16）和式（5 - 17）。

2. 断层活动参数

本算例分析的发震断层为鲜水河断裂带磨西段，在第 5 章已详细介绍了它的信息，故此处仅就计算中所用的参数对其作简单论述。鲜水河断裂带磨西段为一条全新世活动断裂，总体走向 N20°W 到 N40°W，倾向 SW，倾角 60°～80°，总长 150km，断层活动方式以左旋走滑为主。即磨西段走向 N28°W，倾向 SW，倾角 70°，设定地震震源参数取为：破裂长度 100km，破裂宽度 18km，震源深度为 20km，地震引发的地震矩 1. 985E20（J），岩体的杨氏模量 3E10（Pa），泊桑比 0. 25，破裂面上的滑动分布见图 6 - 5。

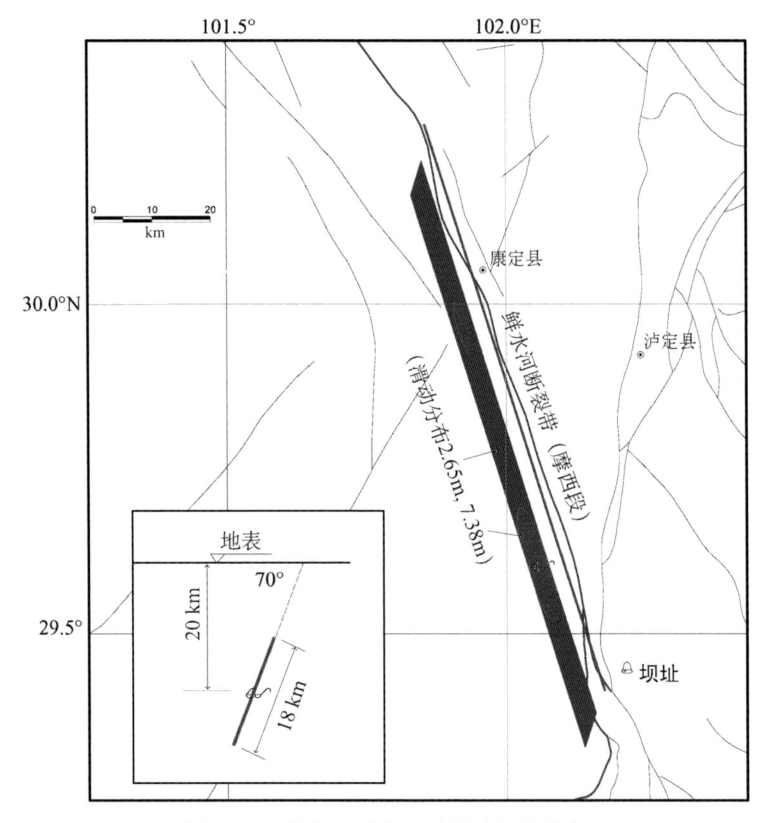

图 6－5　设定地震位置及滑动量的分布

6.4　计算结果分析

应用上述方法，计算得到了磨西断裂带有限范围内的地表永久位移场分布。图 6－6 至图 6－8 分别为地表三个方向上的位移，图 6－9 至图 6－11 分别为场址附近区域地表三个方向上的位移场。

从上面图上可以看出，在震中距为 26km 的大坝处，静态位移分布已比较均匀，且变化相对平缓，三个方向相距 100m 相对位移分别为 1、1 和 2cm。

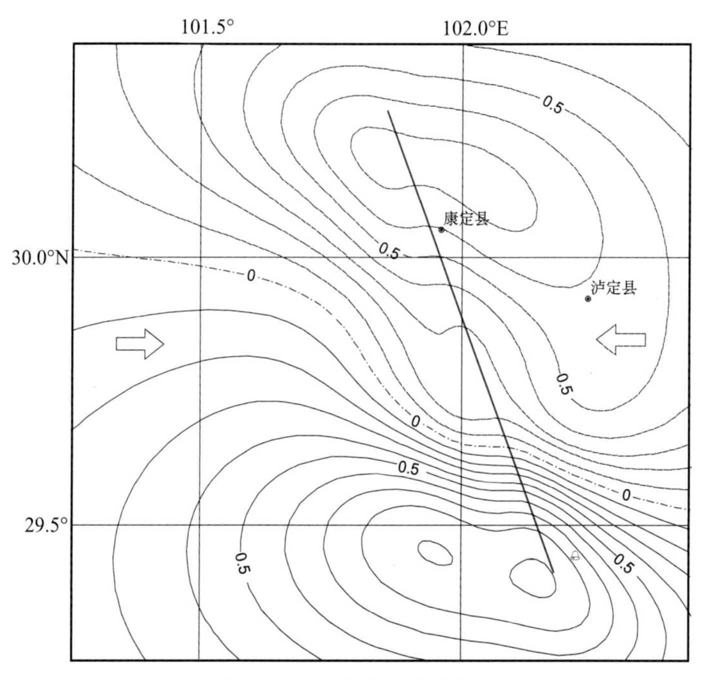

图 6－6　设定地震下地表静态位移场 u（x 方向）

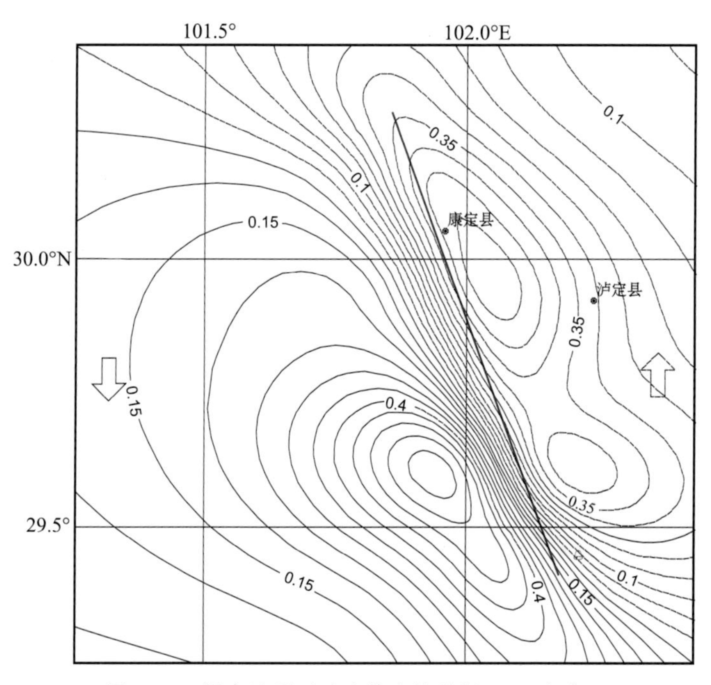

图 6－7　设定地震下地表静态位移场 v（y 方向）

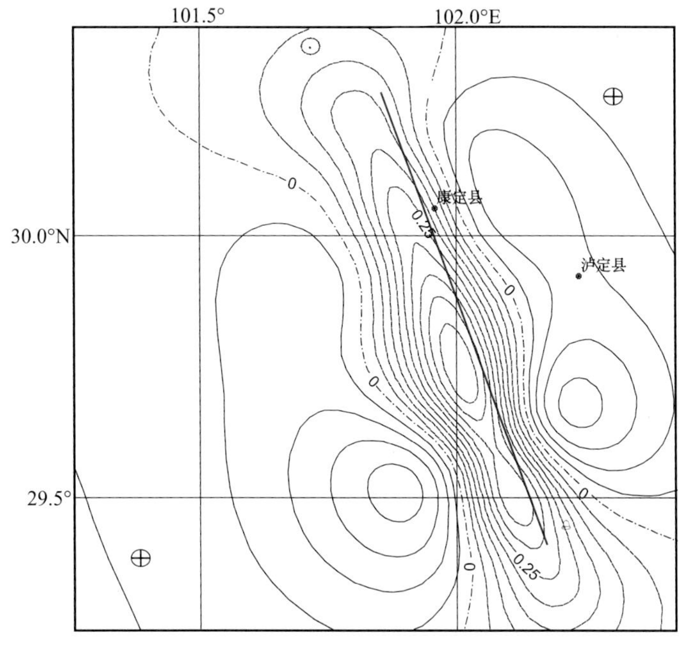

图 6-8　设定地震下地表静态位移场 w（z 方向）

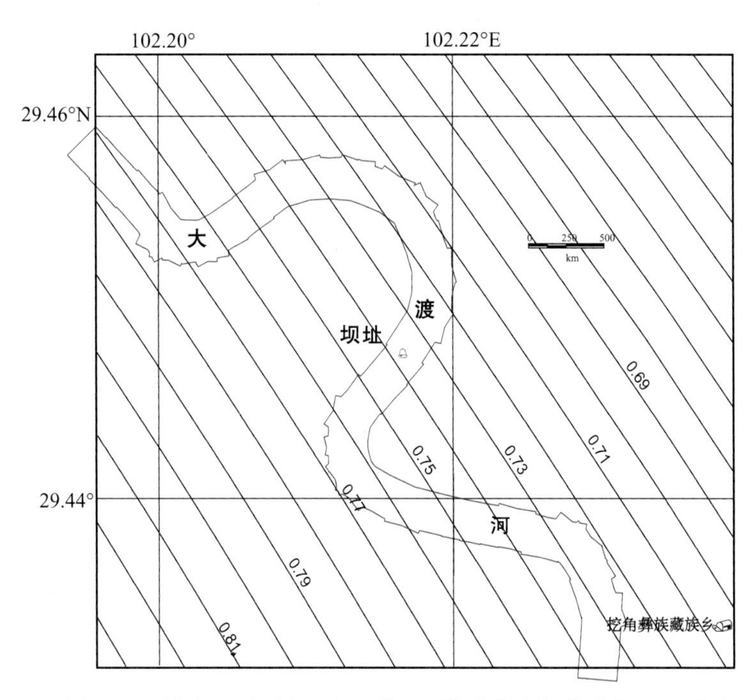

图 6-9　设定地震下大坝场址附近区域内位移场的分布 u（x 方向）

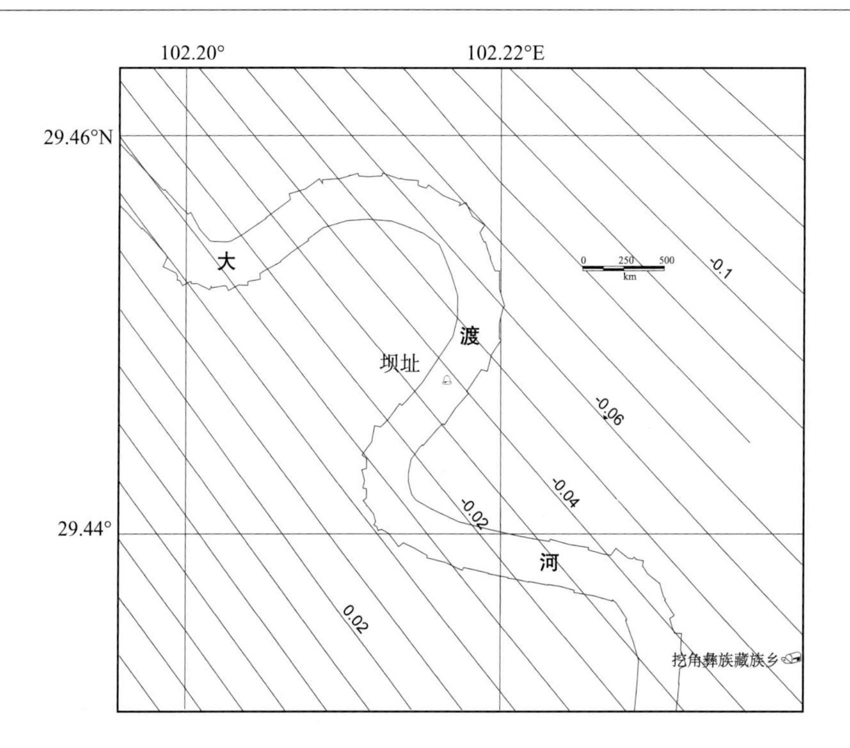

图 6－10　设定地震下大坝场址附近区域内位移场的分布 v（y 方向）

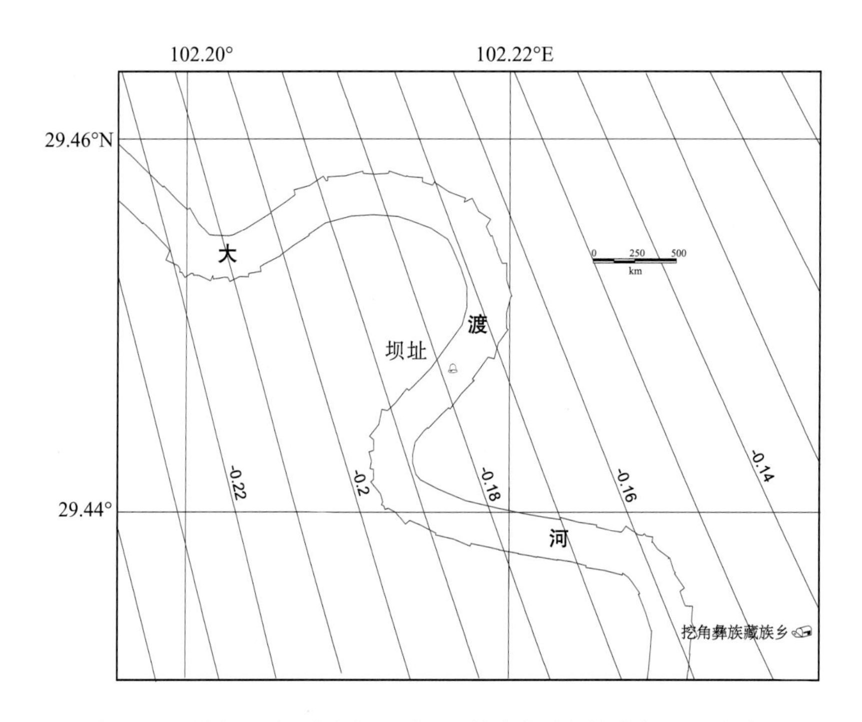

图 6－11　设定地震下大坝场址附近区域内位移场的分布 w（z 方向）

6.5　本章小结

本章简单介绍了 Mindlin 解析式的原理及公式展开，基于 Mindlin 解析式提出了地震地表永久位移估计方法，仍以鲜水河断裂带的磨西段为算例，结合地震危险性分析的结果，对远离断层有限范围内的地表永久位移场进行了数值模拟，讨论分析了计算结果。

第 7 章　总结与展望

7.1　本书总结

本书以活动断层的运动特征为基础，综合分析地震、地震地质、构造应力、GPS 观测数据，并应用地壳运动动力学计算了发震的敏感部位；进而依据历史地震、现代地震和古地震的统计关系，确定地震发生模型；估计了地震在未来一段时间内的危险性，并评估了活动断层的地震地表破裂永久位移。本书对活动断层地震地表永久位移的评估方法做了探索性研究，主要工作及所得结论总结为以下几点：

（1）剖析了地震发生的机理和过程。认为地震发生的物理过程可以描述为断层及其分割的地块组成的不稳定系统在地质作用下发生的局部失稳过程或界面材料破坏的过程，并从数学、力学等理论角度作了描述。

（2）研究活动断层在新构造单元内的重要性，分析其地震易发部位。依据构造应力场的资料，以 GPS 观测数据作为地表约束参考，选择覆盖鲜水河断裂带、龙门山断裂带和东昆仑断裂带的活动地块为研究对象，对昆仑山口西地震、汶川地震、玉树地震和芦山地震发生前后断层—活动地块体系的运动进行了模拟。结果表明应力、应变和位移状态与地震发生可能存在一定的联系，应力、应变较大且有明显变化的区域往往是大震发生的地段，每次大震发生后，其所在断层地段的应力、应变会有所释放，分布也变得相对均匀。初步推断研究区域内未来可能发生强震的地段为鲜水河断裂带的甘孜—道孚段、龙门山断裂带的西南段和东北段。

（3）研究活动断层的地震发生模型，估计地震危险性。借鉴以往研究成果，提出了为指定发震断层选定地震发生模型的方法和步骤，建立相应的地震发生模型，进而进行断层地震危险性估计。联合历史地震和探槽确定古地震增补的地震序列，给出了几条断裂的特征地震，即：鲜水河断裂带上 $M \geq 7.0$ 级地震平均复发间隔为 41 年，特征地震震级为 $7\frac{1}{2}$；小江断裂带上 $M \geq 7.0$ 级地震平均复发间隔为 58 年，特征地震震级为 $7\frac{1}{2}$。

（4）近断层场地地震地表破裂永久位移的估计。采用了基于 Cornell 地表地震动框架的地表永久位移的概率分析方法和设定地震分析方法，其中考虑了震级-破裂尺度关系、永久位移分布模式的永久位移估计方法。统计了汶川地震中的沿断裂的永久位移分布，论证了永久位移分布模式的适用性。应用最大永久位移估计方法对鲜水河断裂带磨西段进行验算。结果显示，断层上 100 年超越概率 2% 和 50 年超越概率 2%、10%、63% 对应的水平向最大地表永久位移分别为 937、806、490、220cm，相应的竖向最大地表永久位移分别为 422、364、221、99cm。

（5）断层附近场地地震地表永久位移的评估。基于 Mindlin 解析式提出了断层地震地表永久位移估计方法，并以鲜水河断裂带磨西段为例，对活动断层有限范围内的地表永久位移场进行了数值模拟。结果显示，在震中距为26km的场址处，位移分布已比较均匀，且相对平缓，三个方向相距100m相对位移分别为1、1和2cm。

（6）初步提出了一套活动断层地震地表破裂永久位移的评估方法，通过实例验算，其结果与以往研究成果及工程实际对比，具有一定的实用性和可靠性。

7.2 展望

在总结本书工作的基础上，下一步的研究工作需要在以下几个方面进一步完善和深入。

（1）随着现代监测技术的不断发展，GPS观测网覆盖面越来越广，得到的数据结果也更实时、准确、完整，将为地壳运动动力学模拟提供更可靠、合理的输入。本文因收集到的GPS观测数据有限，在进行断层—活动地块运动模拟时仅参考了GPS数据，在以后的工作中，逐渐完善GPS数据，把实时的GPS位移场、速度场数据作为边界加载，可能会得到更符合实际的结果。

（2）进一步将速率和状态相关的摩擦本构关系运用到断层滑动中，用以估计未来多少年后可能发生地震，也可以考虑是否有新的摩擦关系更适合。另外，随着对重要活动断层的深入研究，得到更详细、完整的各个地震活动期前后断层泥参数及断层摩擦特性，也会提高断层—活动地块运动动力学模拟结果的可靠性。

（3）搜集我国的活动断层资料，建立断层破裂尺度与地震的统计关系，研究适合我国断层破裂分布模式的永久位移衰减关系。通过探槽等野外勘察方法，进一步搜集指定活动断层的古地震，完善地震序列，使特征地震和复发间隔的预测更准确。

（4）活动断层的地震地表永久位移的研究对大型工程的选址、避让距离确定等指导意义重大，研究一套具有普遍适用性的断层地震地表永久位移评估方法，仍是值得研究的方向。

参考文献

[1] 安美建，石耀林，李方全. 用遗传有限单元反演法研究东亚部分地区现今构造应力场的力源和影响因素 [J]. 地震学报，1998，20 (3)：225~231.

[2] 蔡守志，马百财. 罗湖断裂带工程性质分析及其对深圳地铁工程影响与对策研究 [J]. 岩土工程界，2000，3 (6)：41~47.

[3] 曹娟娟，刘百篪，闻学泽. 西秦岭北缘断裂带特征地震平均复发间隔的确定和地震危险性评价 [J]. 地震研究，2003，26 (4)：372~381.

[4] 陈连旺. 构造应力场动态演化图像与强震活动关系的研究 [D]. 中国地震局工程力学所，2003.

[5] 陈鲁皖. 基于 GIS 的活断层灾害危险性评价——以海原活动断裂带为例 [D]. 西安：长安大学，2007.

[6] 邓起东，张裕明，许桂林，等. 中国构造应力场特征及其与板块运动的关系 [J]. 地震地质，1979，1 (1)：11~22.

[7] 丁国瑜. 中国岩石圈动力学概论 [M]. 北京：地震出版社，1991.

[8] 丁国瑜. 有关活断层分段的一些问题 [J]. 中国地震，1992，8 (2)：1~10.

[9] 丁国瑜，田勤俭，孔凡臣，等. 活断层分段——原则、方法与应用 [M]. 北京：地震出版社，1993.

[10] 丁国瑜. 有关西藏高原活动构造的一些问题 [J]. 西北地震学报，1998，10 (增刊)：1~11.

[11] 杜义，谢富仁，张效亮，等. 汶川 M_S8.0 地震断层滑动机制研究 [J]. 地球物理学报，2009，52 (2)：464~473.

[12] 范俊喜，马谨，甘卫军. 鄂尔多斯地块运动的整体性与不同方向边界活动的交替性 [J]. 中国科学 (D 辑)，2003，33 (增刊)：119~128.

[13] 冯德益，顾瑾平，虞雪君，等. 模糊数学方法在地震危险性估计方面的应用 [J]. 地震学刊. 1984，3：1~8.

[14] 冯德益. 地震危险性分析中确定、概率和模糊方法的综合应用//中国地震学会第三次全国地震科学学术讨论会论文摘要汇编 [C]. 1986.

[15] 傅容珊，黄建华，徐耀民，等. 印度与欧亚板块碰撞的数值模拟和现代中国大陆形变 [J]. 地震学报，2000，22 (1)：1~7.

[16] 甘卫军，刘百篪，黄雅虹. 板内大震原地准周期复发间隔的概率分布 [J]. 西北地震学报，1999，21 (1)：7~16.

[17] 龚平，曾心传. 地震危险性分析中常见地震发生概率模型的合理性及局限性研究 [J]. 地震研究，2000，23 (1)：57~63.

[18] 龚平. 地震发生概率模型多参数组检验研究 [J]. 地震研究，2002，25 (3)：267~274.

[19] 郭宝玲. 率和状态相关摩擦律与地震复发周期的研究 [D]. 哈尔滨：中国地震局工程力学研究所，2012.

[20] 国家地震局科技发展司. 中国近代地震目录 [M]. 北京：中国科学技术出版社，1999.

[21] 国家地震局震害防御司. 中国历史强震目录 [M]. 北京：地震出版社，1995.

[22] 中国地震动参数区划图 (GB 18306—2015) [S].

[23] 郭增建，马宗晋. 中国特大地震研究 [M]. 北京：地震出版社，1988.

[24] 邓起东，程绍平，马冀，杜鹏. 青藏高原地震活动特征及当前地震活动形势 [J]. 地球物理学报，2014，57 (7)：2025~2042.

[25] 环文林，张晓东，吴宣，等. 中国地震区、带划分研究//中国地震区划学术讨论会文集 [C]. 北京：地震出版社，1998：129~139.

[26] 季倩倩，杨林德. 地铁车站结构振动台模型试验的研究//上海国际隧道工程研讨会 [C]. 2003：587~593.

[27] 金严，胥广银. 弱震和中等强度地震活动区地震活动性模型研究//中国地震区划学术讨论会论文集 [C].北京：地震出版社，1998.

[28] 李传友. 龙门山断裂带北段晚第四纪活动性讨论 [J]，地震地质，2004 (2).

[29] 李方全，刘光勋. 我国现今地应力状态及有关问题 [J]. 地震学报，1986，8 (2)：156~171.

[30] 李红. 构造应力场、活动断裂及区域地震活动性的数值模拟研究 [D]. 北京：中国地震局地壳应力研究所，2008.

[31] 李鹏. 活动断层区公路隧道抗错断结构设计的研究 [D]. 重庆：重庆交通大学，2009.

[32] 梁明剑. 兰州市活断层地震危险性评价 [D]. 兰州：中国地震局兰州地震研究所，2008.

[33] 刘爱文. 海底光缆的地震影响分析 [J]. 国际地震动态，2007，338 (2)：19~23.

[34] 熊探宇，姚鑫，张永久. 鲜水河断裂带全新世活动性研究进展综述 [J]. 地质力学学报，2010，16 (2)：176~188.

[35] 刘艳琼，赵纪生，周正华. 发震断层附近场点的最大永久位移估计 [J]. 应用基础及工程科学，2010，7 (18)：212~218.

[36] 罗利锐，刘志刚. 断层对隧道围岩稳定性的影响 [J]. 地质力学学报，2009，15 (3)：226~232.

[37] 罗灼礼，孟国杰. 关于地震丛集特征、成因及临界状态的讨论 [J]. 地震，2002，22 (3)：2~14.

[38] 马杏垣. 中国岩石圈动力学地图集 [M]. 北京，地图出版社，1989.

[39] 牛之俊. 祁连山中东段强震复发概率模型及未来强震地点预测 [J]. 西北地震学报，2004，(3).

[40] 牛之俊. 用全球定位系统 (GPS) 研究中国大陆现今地壳运动模式 [D]. 武汉：华中科技大学，2006.

[41] 乔学军，王琪，杜瑞林，等. 昆仑山口西 M_S8.1 的地震的地壳变形特征 [J]. 大地测量与地球动力学，2002，22 (4)：6~11.

[42] 冉勇康. 我国几个典型地点的古地震细研究和大地震重复行为探讨 [D]. 北京：国家地震局地质研究所，1997.

[43] 宋淑丽. GPS 应用于地球动力学研究的进展 [J]. 天文学进展，2003，(2)

[44] 松泽畅. 地震预报的战略与展望 (之一) [J]. 国际地震动态，2003，4：19~22.

[45] 帅平，吴云，周硕愚. 用 GPS 测量数据模拟中国大陆现今地壳水平速度场及应变场 [J]. 地壳形变与地震，1999，19 (2)：1~18.

[46] 万永革，王敏，沈正康，等. 利用 GPS 和水准测量资料反演 2001 年昆仑山口西 8.1 级地震的同震滑动分布 [J]. 2004，26 (3)：393~404.

[47] 王国新，梁树霞. 改进的确定性地震危险性分析方法及其应用 [J]. 世界地震工程，2009，25 (2)：24~29.

[48] 王凯英. 川滇地区现今应力场与断层相互作用研究 [D]. 中国地震局地质研究所，2003.

[49] 王仁，黄杰藩，孙荀英，等. 华北地震构造应力场的模拟 [J]. 中国科学，1982，4：337~344.

[50] 罗灼礼，孟国杰. 关于地震丛集特征、成因及临界状态的讨论 [J]. 地震，2002，22 (3)：2~14.

[51] 王士杰，张梅，张吉占. Mindlin 应力解的应用理论研究 [J]. 工程力学，2001，18 (6)：141~148.

[52] 汪素云，陈培善. 中国及邻区现代构造应力场的数值模拟 [J]. 地球物理学报，1980，23 (1)：35~45.

[53] 汪素云，许忠淮. 中国东部大陆的地震构造应力场 [J]. 地震学报，1985，7 (1)：17~31.

[54] 汪素云，许忠淮，俞言祥，等. 中国及邻区现代构造应力场的数值模拟 [J]. 地球物理学报，1996，39 (6)：764~771.

[55] 闻学泽. 鲜水河断裂带未来三十年内地震复发的条件概率 [J]. 中国地震, 1990, 6 (4): 8~16.
[56] 闻学泽. 小江断裂带的破裂分段与地震潜势概率估计, 地震学报 [J], 1993, 15 (4).
[57] 闻学泽. 准时间可预报复发行为与断裂带分段发震概率估计 [J]. 中国地震. 1993, 9 (4): 289~300.
[58] 闻学泽. 活动断裂地震潜势的定量评估 [M]. 北京: 地震出版社, 1995.
[59] 闻学泽. 中国大陆活动断裂段破裂地震复发间隔的经验分布 [J]. 地震学报, 1999, 21 (6): 616~622.
[60] 闻学泽. 中国大陆活动断裂的段破裂地震复发行为 [J]. 地震学报. 1999, 21 (4): 411~418.
[61] 闻学泽, 徐锡伟. 福州盆地的地震环境与主要断层潜在地震的最大震级评价 [J]. 地震地质, 2003, 25 (4): 509~524.
[62] 闻学泽. 中强—弱及隐伏活动断层的现今活动习性与地震危险性评价方法 [R]. 中国地震局震害防御司制, 四川省地震局, 2007.
[63] 闻学泽, 徐锡伟, 龙锋, 等. 中国大陆东部中—弱活动断层潜在地震最大震级评估的震级-频度关系模型 [J]. 地震地质, 2007, 2 (29): 236~253.
[64] 吴景发. 汶川地震灾后重建断层避让距离研究 [D]. 哈尔滨: 中国地震局工程力学研究所, 2009.
[65] 吴梦遥. 汶川地震对周围非发震断层的影响研究 [D]. 哈尔滨: 中国地震局工程力学研究所, 2012.
[66] 吴忠良. 由宽频带辐射能量目录和地震矩目录给出的视应力及其地震学意义 [J]. 中国地震, 2001, 17 (1): 8~15.
[67] 吴忠良, 黄静, 张东宁. 地震矩张量元素空间分布与中国大陆岩石层地块 [J]. 地震地质, 2003, 25 (1): 33~38.
[68] 谢富仁, 祝景忠, 梁海庆, 等. 中国西南地区现代构造应力场基本特征 [J]. 地震学报, 1993, 15 (4): 407~417.
[69] 谢富仁, 刘光勋, 梁海庆. 滇西北及邻区现代构造应力场 [J]. 地震地质, 1994, 16 (4): 329~338.
[70] 谢富仁, 张世民, 窦素芹, 等. 青藏高原北、东边缘第四纪构造应力环境演化特征 [J]. 地震学报, 1999, 21 (5): 501~512.
[71] 谢富仁, 崔效锋, 赵建涛, 等. 中国大陆及邻区现代构造应力场分区 [J]. 地球物理学, 2004, 47 (4): 654~662.
[72] 谢富仁, 张红艳, 崔效锋, 杜义. 中国大陆现代构造应力场与强震活动 [J]. 国际地震动态, 2011, 1 (385): 4~12.
[73] 许忠淮, 汪素云, 黄雨蕊, 等. 由多个小震推断的青甘和川滇地区地壳应力场的方向特征 [J]. 地球物理学报, 1987, 30 (5): 476~486.
[74] 许忠淮, 汪素云, 黄雨蕊, 等. 由大量的地震资料推断的我国大陆构造应力场 [J]. 地球物理学报, 1989, 32 (6): 636~647.
[75] 许忠淮, 汪素云, 俞言祥, 等. 根据观测的应力方向利用有限单元法反演板块边界作用力 [J]. 地震学报, 1992, 14 (4): 446~455.
[76] 许忠淮. 东亚地区现今构造应力图的编制 [J]. 地震学报, 2001, 23 (5): 492~501.
[77] 薛景宏, 吕培培. 跨断层埋地管道研究评述 [J]. 油气田地面工程, 2007, 26 (5): 27~28.
[78] 严聪, 等. 振冲碎石桩与充水预压联合处理地震区深厚软土地基 [J]. 中南大学学报 (自然科学版), 2009, 40 (3): 822~527.
[79] 杨勇, 史保平, 孙亮. 基于华北区域地震活动性分布的地震危险性评价模型 [J]. 地震学报. 2008, 30 (2): 195~205.
[80] 杨振法. 大渡河金川水电站外围抚边河断层的活动性研究 [D]. 成都: 成都理工大学, 2006.

[81] 易桂喜，闻学泽. 时间—震级可预报模式在南北地震带分段危险性评估中的应用 [J]. 地震，2000，20（1）：71～79.
[82] 易桂喜，闻学泽，徐锡伟. 川滇地区若干活动断裂带整体的强地震复发特征研究 [J]. 中国地震，2002，18（3）：267～276.
[83] 游新兆. 中国大陆地壳现今运动的GPS测量结果与初步分析 [J]. 地壳形变与地震，2001.
[84] 余成华. 深圳市断层活动性和地震危险性研究 [D]. 杭州：浙江大学，2010.
[85] 于泳. 地块变形与断层地震的耦合数值模拟 [D]. 北京：中国地震局地质研究所，2002.
[86] 臧绍先，宁杰远，刘宝诚，等. 中国周边板块的相互作用及其对中国应力场的影响——（Ⅰ）太平洋板块、菲律宾海板块的影响 [C]. 北京：学术期刊出版社，1989：293～306.
[87] 臧绍先，吴忠良，宁杰远，等. 中国周边板块的相互作用及其对中国应力场的影响——（Ⅱ）印度板块的影响 [J]. 地球物理学报，1992，35（4）：428～440.
[88] 张东宁，高龙生. 东亚地区应力场的三维数值模拟 [J]. 中国地震，1989，15（4）：24～32.
[89] 张东宁，许忠淮. 中国大陆地壳应变能密度年变化图像与强震活动关系的初步探讨 [J]. 地震，1999，19（1）：26～32.
[90] 张东宁，许忠淮. 中国大陆岩石层动力学数值模拟的边界条件 [J]. 地震学报，1999，21（2）：133～139.
[91] 张国民，李丽，黎凯武. 强震成组活动与潮汐力调制触发 [J]. 中国地震，2000，17（2）：110～120.
[92] 张培震. 海原活动断裂带的古地震与强震复发规律 [J]. 中国科学，2003，l33（8）：705～713.
[93] 张培震，邓起东，等. 中国大陆的强震活动与活动地块 [J]. 中国科学（D辑），2003，33（增刊）：12～20.
[94] 张秋文. 地震中长期预测研究的进展和方向 [J]. 地球科学进展，1992，(2).
[95] 张秋文，张培震，王乘，等. 中国大陆若干地震构造带的地震准周期丛集复发行为 [J]. 大地测量与地球动力学，2002，22（1）：56～62.
[96] 张瑞斌，赵培林，陈玉华. 东昆仑活动断裂带的强震构造条件及未来强震危险区分析 [J]. 高原地震，1996，8（3）：12～21.
[97] 张晓莉. 青藏高原GPS速度场的形变特征及岩石圈形变动力机制 [D]. 长安大学，2003.
[98] 章在墉. 地震危险性分析及其应用 [M]. 上海：同济大学出版社，1997.
[99] 赵纪生，刘艳琼，师黎静，等. 基于第四代地震区划的跨越发震断层永久位移概率分析方法 [J]. 地震工程与工程振动，2008，24（4）：22～27.
[100] 赵纪生，陶夏新，师黎静. 地震地表破裂特征及其对应的分析方法 [J]. 世界地震工程，2007，23（3）：68～73.
[101] 赵纪生，吴景发，师黎静，刘艳琼. 汶川8.0级地震地表破裂迹线附近建筑物的震害分布 [J]. 地球科学前沿，2012，2：1～15.
[102] 赵纪生，周正华. 发震断层的永久位移概率评估方法 [J]. 岩土力学与工程学报，2009，28（2）：3349～3356.
[103] 赵真. 基于工程特性的设定地震确定方法 [D]. 大连：大连理工大学，2007.
[104] 中国地震局震害防御司. 中国近代地震目录（公元1912～1990） [M]. 北京：中国科学出版社，1999.
[105] 输油（气）钢质管道抗震设计规范（SY/T 0450—2004）[S].
[106] 钟菊芳，胡晓，易立新，等. 重大工程设定地震方法研究进展 [J]. 水力发电，2005，31（4）：22～24.
[107] 周硕愚，张跃刚，丁国瑜，等. 依据GPS数据建立中国大陆板内块体现时运动模型的初步研究 [J].

地震学报，1998，20（4）：347~355.

[108] 朱守彪. 中国大陆及邻区构造应力场的遗传有限单元法反演［D］. 北京：中国科学院研究生院，2003.

[109] Al~Tarazi E，Sendvol E. Alternative models of seismic hazard evaluation along the Jordan~Dead Sea Transform［J］. Earthquake Speetra，2007，23（1）：11－19.

[110] Bakun W H，Mcevilly T V. Recurrence models and Parkfield，California，earthquakes［J］. Geophys. Res. Lett.，1984，B89：051－3058.

[111] Beeler N M，Tullis T E. Weeks J D. The roles of time and displacement in the evolution effect in rock friction［J］. Geophys. Res. Lett.，1994，21：1987－1990.

[112] Bott M H P. The mechanism of obilique slip faulting［J］. Geological Magazine，1959，96（2）：109－117.

[113] Brace W F，Byerlee J D. Stick-slip as a mechanism for earthquakes［J］. Science，1966，153：990－992.

[114] Cornell C A. Engineering seismic risk analysis［J］. Bull Seism. Soc Am，1968，58：1583－1606.

[115] Dieterich J H. Modeling of rock friction：1. Experimental results and constitutive equations［J］. Geophys. Res.，1979，84：2161－2168.

[116] Dieterich J H. Constitutive properties of faults with simulated gouge［J］. Geophys，1981，24：103－120.

[117] Wells D L，Coppersmith K J. New Empirical Relationships among Magnitude，Rupture Length，Rupture Width，Rupture Area，and Surface Displacement［J］. Bull. Seism. Soc. Am.，1994，84（4）：974－1002.

[118] Ellsworth W L. A physically based earthquake recurrence model for estimate of long-term earthquake probabilities［J］. U. S. Geol. Surv. Open-File Rep：1999，99－552.

[119] Foteva G，Hieva M，Botev E. Spatially smoothed seismicity modeling of seismic hazard in the Sofia area［DB/OL］. 71－82［2007－06－12］. http：//www. Phys. unisofia. Bg/ annual/ arch/ 99/ full/ 99－09－full. pdf.

[120] Frankel A. Mapping seismic hazard in the Central and Eastern United States［J］. Seism Res Lett.，1995，66（4）：8－21.

[121] Gusev A A. Descriptive statistical model of earthquake source radiation and its application to an estimation of short-period strong motion［J］. Geophys. J. Royal Astr. Soc，1983，74（3）：787－808.

[122] Kagan Y Y，Jackson D D. Seismic gap hypothesis：Ten years after［J］. J Geophys Res，1991，96：21419－21431.

[123] Kagan Y Y，Jackson D D. Longterm earthquake clustering［J］. Geophys J Int，1991，104：117－133.

[124] Kagan Y Y. Statistics of characteristic earthquakes［J］. Bull. Seism. Soc. Am.，1993，83：7－24.

[125] Lapajne J K，Momikar B S，Zabukovec B，Zupancic P. Spatially smoothed seismieity modelling of seismic hazard in Slovenia［J］. J Seism，1997，1：73－85.

[126] Lapqine J K，Motnikar B S，Zupancie P. Probabilistic seismic hazard assessment methodology for distributed seismicity［J］. Bull. Seism. Soc. Am.，2003，93（6）：2502－2515.

[127] Lapusta N，Rice J. R. Nucleation and early seismic propagation of small and large events in a crustal earthquake model［J］. J. Geophys. Res.，2003，108（B4）：8－18.

[128] Lee V W，Trifunac M D，Todorovska M I，Novikova E I. Empirical equations describing attenuation of the peaks of strong ground motion，in terms of magnitude，distance，path effects and site conditions［J］. USC，Report，1995，95－02.

[129] Lee V W，Trifunac M D. Frequency dependent attenuation function and Fourier amplitude spectra of strong earthquake ground motion in California［J］. USC，Report，1995，95－03.

[130] Lee V W，Trifunac M D. Pseudo relative velocity spectra of strong earthquake ground motion in

California [J]. Department of Civil Engineering [J]. USC, Report, 1995, 95 - 04.

[131] Bonilla M G, Mark R K, Lienkaemper J J. Statistical Relations Among Earthquake Magnitude, Surface Rupture Length, and Surface Fault Displacement [J]. USGS, Open File Report, 84 - 256.

[132] Todorovska M I, Trifunac M D, Lee V W. Shaking hazard compatible methodology for probabilistic assessment of permanent ground displacement across earthquake faults [J]. Soil Dynamics and Earthquake Engineering, 2007, 27 (6): 586 - 597.

[133] Magghews M V, Ellsworth W L, Reasenberg P A. A Brownian model for recurrent earthquakes [J]. Bull. Seism. Soc. Am., 2002, 92: 2233 - 2250.

[134] Mc Guire R K. Probabilistic seismic hazard analysis and design earthquake [J]. Closing the loop, BSSA, 1995, 85 (5): 1275 - 1284.

[135] Nishenko S P, Buland R. A generic recurrence interval distribution for earthquake forecasting [J]. Bull. Seism. Soc. Am., 1987, 77: 1382 - 1399.

[136] Paneha A, Anderson J G, Louie J N. Charaeterization of near-fault geology at strong-motion stations in the vinieity of Reno, Nevada [J]. Bull. Seism. Soc. Am., 2007, 97: 2096 - 2117.

[137] Papazachos C B. A time and magnitude predictable model for generation of shallow earthquakes in the Aegean area [J]. Pure Appl Geophys, 1990, 138 (2): 287 - 308.

[138] Pelaez J A, Lopez C C. Seismic hazard estimate at the Iberian Peninsula [J]. Pure APPL GeoPhys, 2002, 159 (11/12): 2699 - 2713.

[139] Pelaez J A, Hamdache M, LoPez C C. Seismic hazard in Northern Algeria using spatially smoothed seismieity: Resuits for peak ground acceleration [J]. Tectonophysics, 2003, 372: 105 - 119.

[140] Mindlin R D. Force at a point in the interior of a semi-infinite solid [J]. Physics, 1936, 7 (5): 195 - 202.

[141] Youngs R R, Arabasz W J, Anderson R E, et al. A Methodology for Probabilistic Fault Displacement Hazard Analysis (PFDHA) [J]. Earthquake Spectra, 2003, 19 (1): 191 - 219.

[142] Ruina A L. Slip instability and state variable friction laws [J]. Geophys Res., 1983, 88 (10): 359 - 370.

[143] Schwartz D P, et al. Fault behavior and characteristic earthquake: examples from the Wasatch and San Andress fault zones [J]. J Geophys Res, 1984, 89: 5681 - 5698.

[144] Shimazaki K, Nakada T. Time-predictable recurrence model for large earthquakes [J]. Geophys. Res. Lett, 1980, 7: 279 - 282.

[145] The National Seismic Hazard Mapping Project. Preliminary Documentation. http: //earthquake. usgs. gov/researeh/azmaps/products_ data/2007/doeumentation/index. Php.

[146] Todorovska M I, Trifunac M D, Lee V W. Shaking hazard compatible methodology for probabilistic assessment of permanent ground displacement across earthquake faults [J]. Soil Dynamics and Earthquake Engineering, 2007, 27 (6): 586 - 597.

[147] Ward S N. Methods for evaluating earthquake Potential and likelihood in and around California [J]. Seism Res Lett, 2007, 78: 121 - 133.

[148] Wells D L, Coppersmith K J. New empirical relationships among magnitude, rupture length, rupture width, rupture area, and surface displacement [J]. Bull. Seism. Soc. Am., 1994, 84 (4): 974 - 1002.

[149] Wen X Z. Quantitative assessment of active fault seismic potential [M]. Beijing: Seismological Press, 1995.

[150] Working Group on California Earthquake Probabilities. Probabilities of large earthquakes occurring in California on the San Andresa fault [J]. U. S. Geol. Surv. Open File Report, 1988, 88 - 398.

[151] Working Group on California Earthquake Probabilities. Probabilities of large earthquakes in the San Francisco Bay Region, California [J]. U. S. Geol. Surv. Circ, 1990, 1053 - 1103.

[152] Working Group on California Earthquake Probabilities. Seismic hazards in Southern California: probable earthquakes, 1994 to 2024 [J]. Bull. Seism. Soc. Am., 1995, 85: 379-439.

[153] Working Group on California Earthquake Probabilities. Earthquake probabilities in the San the San Francisco Bay Region, 2000 to 2031 [J]. U. S. Geol. Surv. Open File Report, 2003, 3-214.

[154] Zhao J H, Tao X X, Shi L J. An approach to evaluate ground surface rupture caused by reverse fault movement [J]. Earthquake Engineering and Engineering Vibration, 2006, 5 (1): 27-39.

[155] 李玶. 鲜水河—小江断裂带 [M]. 地震出版社, 1993.

[156] 闻学泽. 四川西部鲜水河—安宁河—则木河断裂带的地震破裂分段特征 [J]. 地震地质, 2000, 22 (3): 239~249.

[157] 朱爱斓. 川西地区主干活动断裂间震期滑动习性与运动状态的地震学初步研究 [D]. 中国地震局地质研究所, 2006.

[158] 闻学泽. 则木河断裂的第四纪构造活动模式 [J]. 地震研究, 1983, 6 (1): 41~50.

[159] 王坦, 李瑜, 张锐, 等. GPS 在我国地震监测中的应用现状与发展展望 [J]. 地震研究, 2021, 44 (2): 192~207.

[160] 王敏, 沈正康. 中国大陆现今构造变形: 三十年的 GPS 观测与研究 [J]. 中国地震, 2020, 36 (4): 660~683.

[161] Eringen A Cemal. Nonlinear Theory of Continuous [M]. McGraw-Hill, New York, 1962.

[162] Chinnery M A. The stress changes that accompany strike slip faulting [J]. Bull Seism Soc Amer, 1963, 53 (1): 921-932.

[163] Smith S W, Van de Lindt W. Strain adjustments associated with earthquakes in southern California [J]. Bull Seism Soc Amer, 1969, 59 (4): 1 569-1 589.

[164] Rybichi K. Analysis of aftershocks on the basis of dislocation theory [J]. Phy Earth Planet Inter, 1937, 7 (4): 409-422.

[165] Yamashina K. Induced earthquakes in the Izu Peninsula by Izu-Hanto-Oki earthquake of 1974 Japan [J]. Tectonophysics, 1978, 51: 139-154.

[166] Parsons T, Dreger D S. Static-stress impact of the 1992 Landers earthquake sequence on nucleation and slip at the site of the 1999 M=7. 1 Hector Mine earthquake, southern California [J]. Geophys Res Lett, 2000, 27: 1 949-1 952.

[167] Horikawa H. Earthquake doublet in Kagoshima, Japan: rupture of asperities in a stress shadow [J]. Bull Seism Soc Amer, 2001, 91: 112-127.

[168] Gang Luo, Mian Liu. Stressing Rates and seismicity on the major Faults in eastern tibetan plateau. Journal of Geophysical Research: Solid Earth, 2018, 123: 10968-10986. https://doi.org/10.1029/2018JB015532.

[169] 陈运泰, 林邦慧, 林中祥, 等. 根据地面形变的观测研究 1966 年邢台地震的震源过程 [J]. 地球物理学报, 1975, 18 (3): 164~182.

[170] 黄福明, 王延韫. 倾斜断层错动引起的应力场 [J]. 地震学报, 1980, 2 (1): 1~20.

[171] 沈正康, 万永革, 甘卫军, 等. 东昆仑活动断裂带大地震之间的黏弹性应力触发研究 [J]. 地球物理学报, 2003, 46 (6): 786~795.

[172] 万永革, 沈正康, 曾跃华, 等. 青藏高原东北部的库仑应力积累演化对大地震发生的影响 [J]. 地震学报, 2007, 29 (2): 115~129.

[173] 刘方斌, 王爱国, 袁道阳. 北祁连山东段强震间静态库仑应力变化与触发作用研究 [J]. 地震工程学报, 2014, 2 (36): 360~371.

[174] 徐晶, 季灵运, 等. 川滇菱形块体东边界断裂带内库仑应力演化及危险性 [J]. 地震地质, 2017, 3

(39)：451~469.
[175] 闻学泽，杜方，张培震，等. 巴颜喀拉块体北和东边界大地震序列的关联性与2008年汶川地震[J]. 地球物理学报，2011，54（3）：706~716.
[176] 刘文兵，张磊. 巴颜喀拉块体强震间的时空关联特征研究［J]. 地震，2016，1（36）：24~31.
[177] 屈勇，朱航. 巴颜喀拉块体东-南边界强震序列库仑应力触发过程［J]. 地震研究，2017，2（40）：216~225.
[178] 贾科，周仕勇. 基于库仑应力改变和地震活动性研究巴颜喀拉块体周缘强震序列触发关系及其构造意义［J]. 地震学报，2018，3（40）：291~303.